0,5 r

Michael Knorrenschild

Vorkurs Mathematik

W0290264

Mathematik - Studienhilfen

Herausgegeben von
Prof. Dr. Bernd Engelmann
Hochschule für Technik, Wirtschaft und Kultur Leipzig,
Fachbereich Informatik, Mathematik und Naturwissenschaften

Zu dieser Buchreihe

Die Reihe Mathematik-Studienhilfen richtet sich vor allem an Studenten technischer und wirtschaftswissenschaftlicher Fachrichtungen an Fachhochschulen und Universitäten.
Die mathematische Theorie und die daraus resultierenden Methoden werden korrekt aber knapp dargestellt. Breiten Raum nehmen ausführlich durchgerechnete Beispiele ein, welche die Anwendung der Methoden demonstrieren und zur Übung zumindest teilweise selbständig bearbeitet werden sollten.
In der Reihe werden neben mehreren Bänden zu den mathematischen Grundlagen auch verschiedene Einzelgebiete behandelt, die je nach Studienrichtung ausgewählt werden können. Die Bände der Reihe können vorlesungsbegleitend oder zum Selbststudium eingesetzt werden.

Bisher erschienen:

Dobner/Engelmann, *Analysis 1*
Dobner/Engelmann, *Analysis 2*
Dobner/Dobner, *Gewöhnliche Differenzialgleichungen*
Gramlich, *Lineare Algebra*
Gramlich, *Anwendungen der Linearen Algebra*
Knorrenschild, *Numerische Mathematik*
Knorrenschild, *Vorkurs Mathematik*
Martin, *Finanzmathematik*
Preuß, *Funktionaltransformationen*
Sachs, *Wahrscheinlichkeitsrechnung/Statistik*
Stingl, *Operations Research – Linearoptimierung*
Tittmann, *Graphentheorie*

Vorkurs Mathematik

Ein Übungsbuch für Fachhochschulen

von Prof. Dr. Michael Knorrenschild

mit 33 Bildern, 55 Beispielen, 85 Aufgaben
und 4 Testklausuren

Fachbuchverlag Leipzig
im Carl Hanser Verlag

Autor
Prof. Dr. rer. nat. Michael Knorrenschild
Fachhochschule Bochum
FB Elektrotechnik und Informatik
http://www.fh-bochum.de/fb3/mathe/knorrenschild.html

Bibliografische Information Der Deutschen Bibliothek:
Die Deutsche Bibliothek verzeichnet diese Publikation in der Deutschen Nationalbibliografie; detaillierte bibliografische Daten sind im Internet über <http://dnb.ddb.de> abrufbar.

ISBN 3-446-22818-7

Ausgesondert am: 06. APR. 2010 JHo
Fachhochschule ... Bibliothek
Bereichsbibliothek Steinfurt
04 TBu 78+4
04/1963

Dieses Werk ist urheberrechtlich geschützt.
Alle Rechte, auch die der Übersetzung, des Nachdruckes und der Vervielfältigung des Buches oder Teilen daraus, vorbehalten. Kein Teil des Werkes darf ohne schriftliche Genehmigung des Verlages in irgendeiner Form (Fotokopie, Mikrofilm oder ein anderes Verfahren), auch nicht für Zwecke der Unterrichtsgestaltung – mit Ausnahme der in den §§ 53, 54 URG genannten Sonderfälle –, reproduziert oder unter Verwendung elektronischer Systeme verarbeitet, vervielfältigt oder verbreitet werden.

Fachbuchverlag Leipzig im Carl Hanser Verlag
© 2004 Carl Hanser Verlag München Wien
http://www.fachbuch-leipzig.hanser.de
Lektorat: Christine Fritzsch
Herstellung: Renate Roßbach
Satz: Michael Knorrenschild, Bochum
Druck und Binden: Druckhaus „Thomas Müntzer“ GmbH, Bad Langensalza

Printed in Germany

Vorwort

In einer großen Anzahl von Studiengängen sehen sich Studienanfänger mit dem Fach Mathematik konfrontiert. Dies löst erfahrungsgemäß unterschiedliche Erwartungshaltungen bei den Betroffenen aus. Während die Bedeutung des Faches gerade in den Ingenieurstudiengängen unumstritten ist, klafft zwischen den Vorkenntnissen der Studienanfänger und dem anfänglichen Niveau der Hochschulmathematik eine immer größer werdende Lücke. Diese hat verschiedene Ursachen, dazu zählen ein verändertes schulisches Lernverhalten und teilweise Mängel in den Rahmenbedingungen für die Grundlagenlehre in den Hochschulen.
Vielfach angebotene Vorkurse der Hochschulen dienen der Auffrischung der Schulmathematik, jedoch wo Schulabgänger Lücken aufweisen, gibt es wenig aufzufrischen, sondern manche Themen erst noch neu zu vermitteln. Das ist in wenigen Wochen vor Beginn des Studiums nicht zu bewerkstelligen, trotz allen Bemühens und guten Willens auf beiden Seiten.
So bleibt es vielfach der Eigeninititative der Studierenden überlassen, sich um das Schließen der Lücken zu kümmern. Zu diesem Zweck gibt es bereits eine Reihe von Vorkurs-Büchern auf dem Markt.
Meiner Erfahrung nach mangelt es Studienanfängern vielfach an Vertrautheit mit elementaren mathematischen Konzepten und an Sattelfestigkeit in der Anwendung mathematischer Techniken. Sind diese Fundamente erst einmal gelegt, bereitet das Verständnis fortgeschrittener mathematischer Konzepte wie Ableitungen und Integrale kaum Probleme.
Ziel dieses Buches ist, elementare mathematische Begriffe und Methoden gründlich zu vermitteln. Es setzt auf eine Kombination von vertieftem Verständnis und Einübung der Techniken an typischen Beispielen. Bewusst wird auf fortgeschrittenere Themen wie Grenzwerte, Differenzial- und Integralrechnung verzichtet. Stattdessen konzentriert es sich auf elementares Rechnen, den Funktionsbegriff, Techniken zum Lösen von Gleichungen und Ungleichungen, elementare Geometrie und Trigonometrie. Dabei handelt es sich um Themen aus dem schulischen Curriculum etwa der zehnten Klasse – Konzepte, die zum mathematischen Rüstzeug in praktisch allen natur- und ingenieurwissenschaftlichen Studiengängen gehören.
Leserinnen und Leser sollen in diesem Buch angeregt werden, diese Konzepte im Selbststudium zu durchdringen und wirklich Verständnis zu erwerben – im Studium kommt später noch genug auf sie zu, was sie einfach als verkündete Weisheit hinnehmen müssen. Eine solide Grundlage hilft aber enorm bei einem guten Start in die neue Lernumgebung und einem zügigen Vorankommen, auch in anderen Fächern.

Diesem Zweck dienen viele Beispiele und Übungsaufgaben, die so ausgewählt sind, dass typische Problemstellungen abgedeckt werden. Zur Kontrolle gibt es Lösungen am Ende des Buches. Der kritischen Prüfung des eigenen Wissensstands dient eine Auswahl von Eingangstests, die schon von vielen Hochschulen eingesetzt werden, um Studienanfängern die Auseinandersetzung mit eventuell vorhandenen Lücken zu ermöglichen.

In die Darstellungsweise fließen viele Erfahrungen ein, die ich als Lehrender für Studierende der Ingenieurwissenschaften an der Fachhochschule Bochum gesammelt habe. Die Arbeit mit Studierenden ist für mich ein immerwährender Ansporn, die Darstellung zu verbessern, und ich danke meinen Studierenden für viele gezielt oder unbeabsichtigt gegebene Anregungen, meine Lehrveranstaltungen zu hinterfragen.

Der Gedankenaustausch mit Kolleginnen und Kollegen im Arbeitskreis Ingenieurmathematik[1] an Fachhochschulen in Nordrhein-Westfalen ist für mich eine weitere Quelle für Denkanstöße, für die ich dankbar bin.

Des weiteren möchte ich mich bei Frau Christine Fritzsch vom Fachbuchverlag Leipzig für die aufmerksame Zusammenarbeit sowie beim Herausgeber Prof. Dr. Bernd Engelmann für fachliche Ratschläge bedanken. Herrn Dr. Thomas Schenk gebührt Dank für die kritische Durchsicht weiter Teile des Manuskripts. Hinweise und Anregungen aus dem Leserkreis sind jederzeit willkommen.

Bochum, im Frühjahr 2004 — Michael Knorrenschild

[1] Siehe http://www.iuk.fh-dortmund.de/~ingmath

Inhaltsverzeichnis

Zum Umgang mit diesem Buch:

Ziel des Buches ist es, den Lesern eine selbstständige Aufarbeitung der für den Beginn eines Hochschulstudiums nötigen schulmathematischen Vorkenntnisse zu ermöglichen. In die Darstellung eingestreut sind Aufgaben, die in der Regel analog zu vorherigen ausführlichen Beispielen gelöst werden können. Am Ende einiger Kapitel wurden darüber hinaus Thesen unter der Überschrift „wahr oder falsch?“ formuliert, die der Leser kritisch auf ihren Wahrheitsgehalt hinterfragen soll. Auf diese Weise kann das eigene Verständnis überprüft werden. Zur weiteren Selbstkontrolle dienen einige klausurähnliche Tests, die zum Teil bereits an Hochschulen eingesetzt wurden. Lösungen zu allen Aufgaben und den Tests sowie die Auswertungen der Thesen finden sich am Ende des Bandes.

Symbolverzeichnis

1 Elementares Rechnen

1.1 Die Grundrechenarten

Die einfachste Verknüpfung zweier Zahlen a und b ist die Addition, das Ergebnis ist die Summe $a+b$. Die Umkehrung der Addition ist die Subtraktion, die zur Differenz $a-b$ führt. Die Subtraktion von b ist nichts anderes als die Addition der „Gegenzahl" $-b$, also

$$a - b = a + (-b)$$

Geht man von den so genannten „natürlichen Zahlen" $1, 2, 3, \ldots$ aus, so sind deren Gegenzahlen keine natürlichen Zahlen mehr. Man bezeichnet die natürlichen Zahlen als $\mathbb{N}$. Wenn die Null noch dazu kommt, schreiben wir $\mathbb{N}_0$. Die Zahlen, die durch Addition und Subtraktion natürlicher Zahlen erzeugt werden können, sind die „ganzen Zahlen", symbolisch $\mathbb{Z}$. Die ganzen Zahlen umfassen die natürlichen Zahlen und ihre Gegenzahlen und enthalten auch die Null (die gleich ihrer Gegenzahl ist).
Die Gegenzahl von b kann man auch als das Produkt $(-1) \cdot b$ berechnen. Es ist jedoch keineswegs so, dass $-b$ immer eine negative Zahl ist. Beispielsweise ist zu $b = -3$ die Gegenzahl $-b = -(-3) = 3$.
Da die Subtraktion insbesondere also auch eine Addition ist, also keine wirklich neue Operation, werden wir im Folgenden, wenn wir „Addition oder Subtraktion" meinen, einfach nur von „Addition" sprechen. In einer Summe darf man die Reihenfolge der summierten Zahlen („Summanden") vertauschen, das Ergebnis ist davon unabhängig. In einer Differenz ändert sich bei Vertauschung von a und b das Vorzeichen, es gilt:

$$b - a = -(a - b)$$

Die Klammern geben die Reihenfolge der Rechenoperationen vor: In $-(b-a)$ wird zuerst $b-a$ berechnet und dann das Vorzeichen geändert. Würde man hier die Klammern weglassen, so erhielte man $-b-a$, das ist nicht dasselbe wie $-(b-a) = a-b$. Man kann $b-a$ auch als Summe von b und $-a$ sehen, also $b - a = b + (-a)$; hier darf die Reihenfolge ohne Schaden vertauscht werden und man erhält $b - a = b + (-a) = -a + b$. Wir halten fest:

> Steht vor einer Klammer ein Minus-Zeichen, so müssen beim Auflösen der Klammern die Vorzeichen aller Summanden in der Klammer umgekehrt werden:
> $-(x+y) = -x-y, \; -(x-y) = -x+y, \; -(-x-y) = x+y.$

Natürlich können Klammern auch geschachtelt auftreten. Bei Rechnungen per Hand kann man sich dabei die Übersicht erleichtern, indem man verschiedene Sorten Klammern verwendet, etwa (,), [,], {, } usw. Diese Hilfe steht in Programmiersprachen nicht zur Verfügung, daher wollen wir hier auch nur die „runden“ Klammern verwenden und Leserin und Leser zu genauem Hinschauen motivieren.

Beispiel 1.1

Lösen Sie die Klammern in $-(a-(b+c-(5-(a+3))))$ auf und vereinfachen Sie soweit wie möglich.

Lösung: Wir lösen zuerst die Klammern auf der innersten Ebene auf:

$$\begin{aligned}-(a-(b+c-(5-(a+3)))) &= -(a-(b+c-(5-a-3)))\\ &= -(a-(b+c-5+a+3))\\ &= -(a-b-c+5-a-3)\\ &= -a+b+c-5+a+3 = b+c-2. \quad\blacksquare\end{aligned}$$

Aufgabe

1.1 Lösen Sie in den folgenden Ausdrücken die Klammern auf und vereinfachen Sie soweit wie möglich.

a) $b-(a+2-(c+d-(3-a))+b)$
b) $c+(-3-d-(-(-4-b))-c-(d-2))$
c) $-(b+a-(c-3-d+b-(a+c+b-d)))$
d) $a+c-(d+a+2-(b+c-(-d+c)))$

Wir erkennen also:

> Klammern dienen nicht der Zierde, auch nicht vorrangig der Übersicht, sondern stellen eine nicht vernachlässigbare Information über die Reihenfolge von Rechenoperationen dar.

In der Mathematik ist man bestrebt, Formeln möglichst kurz und bündig zu schreiben. Für wiederholte Additionen desselben Summanden hat man daher die Multiplikation zur Verfügung. So schreibt man beispielsweise anstelle von $a+a+a+a+a$ einfach das Produkt $5\cdot a$, oder noch kürzer $5\,a$. Die Umkehrung der Multiplikation ist die Division. Da die Division nichts anderes als die Multiplikation mit dem Kehrwert ist, also keine wirklich neue Operation, werden wir im Folgenden, wenn wir „Multiplikation oder Division“ meinen, einfach nur von „Multiplikation“ reden. Bei der Division ist eine Ausnahme zu beachten: Durch 0 kann nicht dividiert werden: Für *jedes* a gilt $0 \cdot a = 0$; für eine Umkehrung müssten wir das Produkt durch 0 dividieren und wieder a erhalten. Im Produkt 0 ist aber nicht mehr erkennbar, ob diese 0 aus $5 \cdot 0$, $6 \cdot 0$, oder wo auch immer herstammt, so dass eine Umkehrung nicht möglich ist.

Das Ergebnis einer Division $a : b$, der sog. Quotient, wird meist als Bruch geschrieben: $a : b = \frac{a}{b}$ (natürlich muss $b \neq 0$ sein). Dabei heißt a der Zähler und b der Nenner des Bruches $\frac{a}{b}$.

Wir halten also fest:

Die Multiplikation ist eine Abkürzung der Addition. Niemals(!!!) darf durch 0 dividiert werden. Bei Brüchen darf nie 0 im Nenner auftauchen.

Der Quotient zweier ganzer Zahlen muss keine ganze Zahl mehr sein. Man bezeichnet die Menge aller Zahlen, die als Quotient zweier ganzer Zahlen dargestellt werden können, als „rationale Zahlen“, symbolisch $\mathbb{Q}$.

Einen Bruch aus zwei ganzen Zahlen kann man alternativ auch als *Dezimalzahl* schreiben. Dazu dividiert man Zähler durch Nenner fortlaufend mit Rest, wie man es in der Grundschule gelernt hat, und erhält beispielsweise:

$$\frac{78}{125} = 78 : 125 = 0 \cdot 1 + 6 \cdot \frac{1}{10} + 2 \cdot \frac{1}{100} + 4 \cdot \frac{1}{1000} = 0.624$$

$$\frac{1}{9} = 1 : 9 = 0 \cdot 1 + 1 \cdot \frac{1}{10} + 1 \cdot \frac{1}{100} + 1 \cdot \frac{1}{1000} + \ldots = 0.111111\ldots = 0.\overline{1}$$

$$\frac{37}{33} = 37 : 33 = 1 \cdot 1 + 1 \cdot \frac{1}{10} + 2 \cdot \frac{1}{100} + 1 \cdot \frac{1}{1000} + 2 \cdot \frac{1}{10000} + \ldots$$
$$= 1.12121212\ldots = 1.\overline{12}$$

Diese Rechnung findet im 10er-System (Dezimalsystem) statt, d. h. man verwendet nur die Ziffern 0, 1, 2, 3, 4, 5, 6, 7, 8, 9. Man beachte den Unterschied zwischen *Ziffer* und *Zahl*: Eine Zahl besteht aus Ziffern gerade so wie ein Wort aus Buchstaben besteht. Die rationalen Zahlen besitzen eine abbrechende

Dezimaldarstellung (Beispiel: $\frac{78}{125}$) oder eine periodische Dezimaldarstellung (Beispiel: $\frac{37}{33}$, $\frac{1}{9}$). Aus der Dezimaldarstellung von $\frac{1}{9}$ sehen wir übrigens, dass $\frac{9}{9} = 0.9999\ldots = 0.\overline{9}$; man kann also $1 = \frac{9}{9}$ auch als $1 = 0.\overline{9}$ darstellen[1].
Es gibt auch Zahlen mit nicht-periodischer, nicht-abbrechender Dezimaldarstellung, z. B. $\pi = 3.141592654\ldots$ Diese Zahlen können also nicht rational sein, sie werden daher *irrational* genannt. Man bezeichnet die Menge aller Zahlen mit abbrechender oder nicht-abbrechender Dezimaldarstellung als die *reellen Zahlen*, symbolisch $\mathbb{R}$. Die Menge der nicht-negativen reellen Zahlen wird mit $\mathbb{R}_+$ bezeichnet.

Aus verschiedenen Gründen gibt man oft Dezimalzahlen nicht mit allen Ziffern hinter dem Komma an, sondern nur mit einer begrenzten Anzahl. Dabei verwendet man *Rundung*.

> Rundungregeln:
> Ist die erste weggelassene Ziffer 0, 1, 2, 3 oder 4, so bleibt die letzte geschriebene Ziffer unverändert („Abrunden").
> Ist die erste weggelassene Ziffer 5, 6, 7, 8 oder 9, so wird die letzte geschriebene Ziffer um 1 erhöht („Aufrunden").

Beispiele:

π auf 2 Stellen nach dem Komma gerundet :	$\pi = 3.141592\ldots \approx 3.14$
π auf 3 Stellen nach dem Komma gerundet :	$\pi = 3.141592\ldots \approx 3.142$
π auf 4 Stellen nach dem Komma gerundet :	$\pi = 3.141592\ldots \approx 3.1416$

Wer Genaueres über die dabei entstehenden Abweichungen wissen möchte, sei z. B. auf [3] verwiesen.

Nach diesem Exkurs über Dezimalzahlen wenden wir uns wieder den Grundrechenarten und ihren Regeln zu.

Da die Multiplikation quasi relativ zur Addition eine höhergestellte Operation ist, vereinbart man, um Klammern zu sparen, dass die Multiplikation stärker bindet als die Addition, kurz „Punktrechnung geht vor Strichrechnung". Es gilt also $a \cdot b + c = (a \cdot b) + c \neq a \cdot (b + c)$. Wiederum erkennt man, dass das Weglassen von Klammern die Bedeutung eines Ausdrucks ändert.
Oft spart man sich bei Produkten auch den Punkt zwischen den Faktoren; man schreibt also beispielsweise anstelle von $x \cdot y$ einfach $x\,y$. Dabei gibt es jedoch eine Situation, in der es zu Missverständnissen kommen kann: Ist

[1] Eine beliebte Streitfrage unter Möchtegernmathematikern ist, ob $0.\overline{9}$ vielleicht doch nicht gleich 1 sei, sondern eine andere Zahl, die nur eine Winzigkeit kleiner als 1 ist.

nämlich ein Faktor eine Zahl, und der andere Faktor ein Bruch, so würde man anstelle von, sagen wir $2 \cdot \frac{1}{2}$, gemäß der erwähnten Konvention $2\,\frac{1}{2}$ schreiben. Damit entsteht aber ein Gebilde, das aussieht wie ein gemischter Bruch, nämlich wie zweieinhalb, also 2.5, wogegen $2 \cdot \frac{1}{2}$ aber nichts anderes als 1 ist. Um das Problem zu umgehen, empfiehlt es sich, im Zusammenhang mit Mathematik auf gemischte Brüche konsequent zu verzichten – wie wir es in diesem Buch tun werden. Im Alltag sind gemischte Brüche allerdings verbreitet („Ich hätte gerne zweieinhalb Kilo Kartoffeln"), dort sollte man sie auch belassen.

Treten Multiplikation und Addition gemeinsam in einem Ausdruck auf, so ist das Distributivgesetz zu beachten:

$$\boxed{a \cdot (b + c) = a \cdot b + a \cdot c}$$

Es ist also beispielsweise

$$5 \cdot (3 + 7) = 5 \cdot 3 + 5 \cdot 7, \qquad \text{Punkt- vor Strichrechnung}$$

wovon man sich durch Nachrechnen überzeugen sollte. Außerdem ist natürlich

$$5 \cdot (3 + 7) \neq 5 \cdot 3 + 7.$$

Tatsächlich, die Klammern dürfen also nicht weggelassen werden!
Die Anwendung des Distributivgesetzes in der obigen Form bezeichnet man auch schlicht als „Ausmultiplizieren".
Man muss jedoch auch in der Lage sein, das Distributivgesetz von rechts nach links anzuwenden.

$$\boxed{a \cdot b + a \cdot c = a \cdot (b + c)}$$

Diesen Vorgang nennt man auch „Ausklammern", also beispielsweise:

$$5 \cdot 3 + 5 \cdot 7 = 5 \cdot (3 + 7).$$

Hier wird der gemeinsame Faktor 5 ausgeklammert. Um auszuklammern, ist – außer der Kenntnis des Distributivgesetzes – erforderlich, dass man den gemeinsamen Faktor, in diesem Fall 5, erkennt. Für das Erkennen solcher Merkmale in Ausdrücken gibt es keine Regeln; dies ist eine Erfahrungssache, also ist hier Üben, Üben, Üben angesagt.

Will man die für ein Ingenieurstudium nötigen Rechenfertigkeiten erwerben, so ist Folgendes nützlich zu wissen:

> Ebensowenig wie man Klavierspielen durch häufigen Besuch von Klavierkonzerten erlernt, lernt man Rechnen durch Lesen von Mathematik–Büchern (auch nicht von diesem Buch!) oder durch Besuch von Vorlesungen.

Bestehen in einem Produkt beide Faktoren aus einer Summe, so gilt:

$$(a+b)\cdot(c+d) = a\cdot c + a\cdot d + b\cdot c + b\cdot d$$

In Worten, es ist jeder Summand des einen Faktors mit jedem Summanden des anderen Faktors zu multiplizieren und alle entstehenden Produkte sind zu addieren. Man sollte auch üben, solche Sätze sprachlich und inhaltlich zu erfassen; dann erkennt man, welche enormen Vorteile die Kürze und Präzision der Formelsprache bietet.

Aufgabe

1.2 Multiplizieren Sie die folgenden Ausdrücke aus und fassen Sie so weit wie möglich zusammen.

a) $a\,(c+b) - c\,(b+a) + b\,(c-a)$

b) $a\,(c+b\,(a-c)) - c\,(b\,(a-1)+a) - b\,(c-a\,(b-a))$

c) $(a+b)\,(a-c) - (a-b)\,(b+c)$

d) $(a+b-c)\,(a+c) - (a-c)\,(b+a+c)$

e) $(a+b)\,(a-c\,(b-c)) - (a-b\,(c-a))\,(b-c)$

f) $(a+b-c)\,(a+c-b) + (a-c-b)\,(b+a+c)$

Spätestens jetzt kommen uns natürlich die bekannten binomischen Formeln in den Sinn, die übrigens, entgegen anders lautenden Gerüchten, nicht nach einem Mathematiker namens Binomi benannt sind. Vielmehr heißen sie so, weil sie aus zwei („bi") Ausdrücken zusammengesetzt sind.

Binomische Formeln

Für alle a, b gilt:

$$\begin{aligned}(a+b)^2 &= a^2 + 2\,a\,b + b^2\\ (a-b)^2 &= a^2 - 2\,a\,b + b^2\\ (a+b)\,(a-b) &= a^2 - b^2\end{aligned}$$

Auf die drei binomischen Formeln wird oft auch als erste bzw. zweite bzw. dritte binomische Formel Bezug genommen.

Beispiel 1.2

Vereinfachen Sie die folgenden Ausdrücke so weit wie möglich unter Verwendung der binomischen Formeln.
$(a+2\,b)^2+(2\,b-a)\,(2\,b+a)$ und $(a+b+c)\,(a+c-b)$

Lösung: Im ersten Ausdruck warten die erste und die dritte binomische Formel auf Anwendung:
$(a+2\,b)^2+(2\,b-a)\,(2\,b+a)=a^2+2\cdot 2\,a\,b+(2\,b)^2+(2\,b)^2-a^2=4\,a\,b+8\,b^2$.
Sicherheitshalber weisen wir ausdrücklich darauf hin, dass wir hier die Regel $(2\,b)^2=2\,b\,2\,b=4\,b^2$ verwendet haben.
Wenn wir im zweiten Ausdruck erkennen, dass
$(a+b+c)\,(a+c-b)=((a+c)+b))\,((a+c)-b)$
ist, so können wir zunächst die dritte und anschließend die erste binomische Formel anwenden:
$(a+b+c)\,(a+c-b)=((a+c)+b))\,((a+c)-b)=(a+c)^2-b^2=a^2+2\,a\,c+c^2-b^2$.
Es ist eine große Erleichterung, wenn man so geübt ist, dass man sofort erkennt, wenn man durch geringfügige Umstellungen binomische Formeln anwenden kann. ■

Aufgabe

1.3 Vereinfachen Sie die folgenden Ausdrücke so weit wie möglich unter Verwendung der binomischen Formeln.

a) $(2\,a+b)\,(2\,a-b)+(c+b)\,(c-b)$

b) $(a+b+c)\,(-a+b+c)+(2\,c+b-a)^2-2\,(b+c)^2$

c) $(b-a)\,(a+b)+(c+b-a)\,(c-b-a)-(b-c)^2$

d) $(2\,b-3\,a)\,(3\,a-2\,b)-(2\,a-b)^2$

Natürlich kann man auch die binomischen Formeln von rechts nach links lesen und auf diese Weise anwenden. Dadurch kann man in manchen Fällen einen Ausdruck vollständig in Faktoren zerlegen.

Beispiel 1.3

Zerlegen Sie die Ausdrücke $16\,a^2-25\,b^2$ und $4\,a^2+12\,a\,b+9\,b^2$ mit Hilfe der binomischen Formeln in Faktoren.

Lösung: $16\,a^2-25\,b^2=(4\,a)^2-(5\,b)^2=(4\,a+5\,b)\,(4\,a-5\,b)$
$4\,a^2+12\,a\,b+9\,b^2=(2\,a)^2+2\cdot(2\,a)\cdot(3\,b)+(3\,b)^2=(2\,a+3\,b)^2$. ■

Aufgabe

1.4 Zerlegen Sie die folgenden Ausdrücke mit Hilfe der binomischen Formeln in Faktoren.

a) $4\,a^2 + 20\,a\,b + 25\,b^2$ b) $169\,x^2 - 312\,x\,y + 144\,y^2$

c) $x^2 + 2\,x + y^2 - 9\,z^2$ d) $x^2 + 6\,x\,z - y^2 + 9\,z^2$

Oft lassen sich Ausdrücke mit Hilfe der binomischen Formeln nicht vollständig in Faktoren zerlegen, sondern beispielsweise nur in ein Quadrat plus einen restlichen Ausdruck. Dies ist in vielerlei Hinsicht sehr nützlich, wie wir später noch sehen werden. Es kommt dabei darauf an, den Anfang einer binomischen Formel (von rechts nach links gelesen!) zu erkennen und den fehlenden Ausdruck zu ergänzen, um ein vollständiges Quadrat zu erhalten. Daher wird diese Methode auch „quadratische Ergänzung“ genannt.

Beispiel 1.4

Schreiben Sie den Ausdruck $4\,a^2 + 24\,a\,b + 9\,b^2$ mit der quadratischen Ergänzung um.

Lösung: Offensichtlich handelt es sich nicht um ein komplettes Binom (denn dazu müsste der mittlere Ausdruck ja $2 \cdot (2\,a)\,(3\,b) = 12\,a\,b$ lauten). Der vorgegebene Ausdruck soll nun in der Form des Ansatzes $(2\,a + c)^2 + d\,b^2$ geschrieben werden, mit passenden Termen c und d. Vergleicht man dieses mit dem gegebenen Ausdruck, so sieht man, dass der „gemischte Ausdruck“ $24\,a\,b$ offensichtlich gleich dem gemischten Ausdruck im Ansatz sein muss, also $24\,a\,b = 2 \cdot (2\,a)\,c$, was auf $c = 6\,b$ führt. Damit haben wir:

$$\begin{aligned} 4\,a^2 + 24\,a\,b + 9\,b^2 &= (2\,a)^2 + 2 \cdot (2\,a) \cdot (6\,b) + 9\,b^2 \\ &= (2\,a)^2 + 2 \cdot (2\,a) \cdot (6\,b) + (6\,b)^2 - (6\,b)^2 + 9\,b^2 \\ &= (2\,a + 6\,b)^2 - 27\,b^2. \end{aligned}$$

Man kann natürlich das Ganze auch von hinten aufzäumen und passend zu $9\,b^2$ quadratisch ergänzen:

$$\begin{aligned} 9\,b^2 + 24\,a\,b + 4\,a^2 &= (3\,b)^2 + 2 \cdot (3\,b) \cdot (4\,a) + 4\,a^2 \\ &= (3\,b)^2 + 2 \cdot (3\,b) \cdot (4\,a) + (16\,a)^2 - (16\,a)^2 + 4\,a^2 \\ &= (3\,b + 4\,a)^2 - 12\,a^2. \end{aligned}$$

Eine weitere Variante ist $4\,a^2 + 24\,a\,b + 9\,b^2 = (2\,a + 3\,b)^2 + 12\,a\,b$. Alle drei sind legitime quadratische Ergänzungen. Welche davon in einer konkreten Anwendung geeigneter ist, hängt vom Zusammenhang ab. Man sollte daher alle Möglichkeiten im Auge behalten – es ist eine Illusion anzunehmen, dass in Anwendungen die Ausdrücke schön von links nach rechts so angeordnet auftauchen, dass die zweckmäßigste links steht. ∎

Aufgabe

1.5 Schreiben Sie die folgenden Ausdrücke mit der quadratischen Ergänzung jeweils auf zwei verschiedene Weisen um. Überprüfen Sie Ihr Ergebnis durch Ausmultiplizieren.

a) $64\,x^2 + 112\,x + 64$ b) $4\,x^2 - 36\,x\,y + 36\,y^2$

c) $16\,x^2 - 56\,x\,y + 196\,y^2$ d) $16\,x^2 - 40\,x\,y + 100\,y^2$

Wir haben oben bereits Ausdrücke, die aus binomischen Formeln stammen, vollständig in Faktoren zerlegt. Das vollständige Zerlegen eines Ausdrucks nennt man auch „Faktorisieren". In vielen Situationen ist das Faktorisieren von Ausdrücken sehr nützlich; einige Anwendungen findet man in Kapitel 4. Wir wollen hier noch einen einfachen Fall genauer betrachten, nämlich den von Ausdrücken der Form $x^2 + a\,x + b$. Hier gilt:

$$\boxed{(x+p)\,(x+q) = x^2 + (p+q)\,x + p\,q}$$

Will man einen vorgegebenen Ausdruck $x^2 + a\,x + b$ faktorisieren, so muss man also zwei Zahlen p und q finden, so dass $p+q = a$ und $p\,q = b$ ist. Dies ist eine nützliche Erkenntnis, denn wenn man aus irgendeinem Grund p schon kennt, so erhält man q natürlich sofort über $q = a - p$ (oder genauso schnell über $q = \frac{b}{p}$, falls $p \neq 0$). Kennt man zunächst weder p noch q, weiß aber, dass p und q ganze Zahlen sind, so findet man oft p und q durch schlichtes Raten.

Satz von Vieta[1]

$x^2 + a\,x + b = (x+p)\,(x+q)$ ist dann und nur dann für alle x erfüllt, wenn $a = p + q$ und $b = p\,q$ gilt.

Beispiel 1.5

a) Faktorisieren Sie $x^2 + 29.5\,x + 91$, wobei $p = 26$ gegeben ist.

---

[1] Vieta, eigentlich François Viète, 1540-1603, franz. Jurist und Freizeitmathematiker

b) Faktorisieren Sie $x^2 - 7\,x + 12$, wenn Sie wissen, dass p und q ganze Zahlen sind.

Lösung: a) Wie wir gesehen haben, muss $p + q = 29.5$ gelten; da $p = 26$ bekannt ist, muss also $q = 3.5$ sein. Die gesuchte Faktorisierung lautet damit $x^2{+}29.5\,x{+}91 = (x{+}26)\,(x{+}3.5)$. – Ein anderer Weg: Wie wir gesehen haben, muss $p\,q = 91$ gelten; da $p = 26$ bekannt ist, muss also $q = 91/26 = 3.5$ sein. Je nachdem wie „ krumm“ die Zahlen sind, kann man also selbst entscheiden, ob man lieber dividieren oder subtrahieren möchte.
b) Es gilt also $p\,q = 12$. Da p und q ganze Zahlen sind, gibt es nur die Möglichkeiten $12 = 1 \cdot 12 = 2 \cdot 6 = 3 \cdot 4 = (-1) \cdot (-12) = (-2) \cdot (-6) = (-3) \cdot (-4)$. Noch einmal soviele Möglichkeiten erhält man, wenn man die Rollen von p und q vertauscht – die Zerlegung ergibt damit aber keine neuen Faktoren, sondern wieder dieselben in anderer Reihenfolge. Außerdem muss noch $p + q = -7$ gelten, dies ist nur mit der Wahl $p = -3$, $q = -4$ (oder umgekehrt) möglich. Die gesuchte Faktorisierung lautet damit $x^2 - 7\,x + 12 = (x - 7)\,(x - 4)$. ■

Aufgaben

1.6 Faktorisieren Sie die folgenden Ausdrücke bei vorgegebenem p oder q. Überprüfen Sie Ihre Faktorisierung durch Ausmultiplizieren.

a) $x^2 - 13.5\,x + 45,\ p = 6$ b) $x^2 + 3.5\,x - 36,\ q = 8$

c) $x^2 - 19.75\,x - 95,\ p = 4$ d) $x^2 - 18\,x + 8.75,\ q = 0.5$

1.7 Faktorisieren Sie die folgenden Ausdrücke, wenn Sie wissen, dass dabei p und q ganze Zahlen sind. Überprüfen Sie Ihre Faktorisierung durch Ausmultiplizieren.

a) $x^2 + x - 56$ b) $x^2 - 21\,x + 54$ c) $x^2 - 8\,x - 48$

d) $x^2 - 11\,x - 26$ e) $x^2 - 6\,x - 91$ f) $x^2 - 1024$

Bisher haben wir einiges über Addition, Subtraktion und Multiplikation aufgefrischt. Rechenregeln für die Division haben wir hier noch nicht gesehen. Wir haben schon erwähnt, dass Quotienten als Brüche geschrieben werden können, insofern gelangen wir nun zum Thema Bruchrechnung.

1.2 Bruchrechnung

Ein Bruch $\frac{a}{b}$ ist das Ergebnis der Division $a : b$; er gibt also das Größenverhältnis von a zu b an. Beispielsweise bedeutet $\frac{a}{b} = 2$, dass der Zähler

a doppelt so groß ist wie der Nenner b. Logischerweise verändert sich ein Bruch daher nicht, wenn man Zähler und Nenner mit dem gleichen Faktor multipliziert.

> Ein Bruch wird erweitert, indem Zähler und Nenner mit dem gleichen Faktor multipliziert werden.

Das Rückgängigmachen einer Erweiterung ist demnach die Division von Zähler und Nenner durch dieselbe Zahl.

> Ein Bruch wird gekürzt, indem Zähler und Nenner durch die gleiche Zahl dividiert werden.

Beim Kürzen ist es zweckmäßig, wenn Zähler und Nenner faktorisiert sind, weil dann gemeinsame Faktoren, die gekürzt werden können, leicht sichtbar sind. Die Betonung liegt hier auf „Faktoren“:

> Durch die Summen kürzen nur die Dummen.[1]

Diese Merkregel kennt sicher jede(r) noch aus der Schule, trotzdem können manche der Verlockung einfach nicht widerstehen. Nichts überzeugt mehr als ein Beispiel, das jede(r) auch ohne Taschenrechner sofort einsieht:

$$\frac{7}{10} = \frac{2+5}{10} \neq \frac{1+5}{5} = \frac{6}{5} \qquad \text{verbotenes Kürzen der 2 in der Summe}$$

$$\frac{7}{10} = \frac{2+5}{10} \neq \frac{2+1}{2} = \frac{3}{2} \qquad \text{verbotenes Kürzen der 5 in der Summe}$$

Bei Erweitern und Kürzen ändert sich der Wert eines Bruches nicht, nur die Darstellungsweise. Dagegen wird ein Bruch mit einer Zahl multipliziert, indem man den Zähler mit der Zahl multipliziert, $a \cdot \frac{b}{c} = \frac{a \cdot b}{c}$. Vor dem Ausmultiplizieren im Zähler empfiehlt es sich zu prüfen, ob gekürzt werden kann. Man rechnet also lieber

$$17 \cdot \frac{222}{34} = \frac{17 \cdot 222}{34} = \frac{17 \cdot 222}{2 \cdot 17} = \frac{222}{2} = 111$$

$$\text{anstelle von} \quad 17 \cdot \frac{222}{34} = \frac{17 \cdot 222}{34} = \frac{3774}{34} = ?,$$

[1] Für diejenigen, die durch Differenzen kürzen, gilt nichts anderes!

denn nachher ist die Chance zum leichten Kürzen vertan, weil man die gemeinsamen Faktoren in Zähler und Nenner nicht mehr erkennt.
Natürlich ist auch beim Kürzen an die binomischen Formeln zu denken:

$$\frac{x^2+6\,x+9}{x^2-9}=\frac{(x+3)^2}{(x+3)\,(x-3)}=\frac{x+3}{x-3}.$$

Ein Bruch wird durch eine Zahl dividiert, indem man den Nenner mit der Zahl multipliziert, $\frac{a}{b}:c=\frac{a}{b\cdot c}$. Ein Bruch wird durch einen Bruch dividiert, indem man mit dem Kehrwert multipliziert:

$$\boxed{\frac{a}{b}:\frac{c}{d}=\frac{a}{b}\cdot\frac{d}{c}=\frac{a\,d}{b\,c}}$$

Man kann dies auch so ausrechnen:

$$\boxed{\frac{a}{b}:\frac{c}{d}=\frac{a}{b\cdot\frac{c}{d}}=\frac{a}{\frac{b\,c}{d}}=\frac{d\,a}{d\cdot\frac{b\,c}{d}}=\frac{d\,a}{\frac{d\,b\,c}{d}}=\frac{a\,d}{b\,c}}$$

In obiger Rechnung treten so genannte Doppelbrüche auf, das sind Brüche, bei denen im Zähler oder im Nenner (oder gar in beiden) selbst wieder Brüche stehen. Hier müssen unbedingt unterschiedlich lange Bruchstriche verwendet werden (so wie wir es oben getan haben), damit die Reihenfolge der Operationen eindeutig ist. Die Konvention ist, dass kürzere Bruchstriche stärker binden gegenüber längeren. Abschreckendes Beispiel:

Was soll bitteschön $\frac{2}{\frac{4}{8}}$ sein?

$$\frac{2}{\frac{4}{8}}\overset{?}{=}\frac{2}{\frac{4}{8}}=\frac{2}{\frac{1}{2}}=2\cdot 2=4 \quad\text{oder}\quad \frac{\frac{2}{4}}{8}\overset{?}{=}\frac{\frac{2}{4}}{8}=\frac{\frac{1}{2}}{8}=\frac{1}{16}$$

Um Irritationen bei Doppelbrüchen zu vermeiden – man stelle sich nur vor, im Nenner eines Doppelbruchs stünde selbst wieder ein Doppelbruch – empfiehlt es sich außerdem unbedingt, sofort, vor allen anderen Umformungen, entweder durch Erweitern oder durch Multiplikation mit dem Kehrwert (s.o.) die Doppelbrüche zu eliminieren.

$$\frac{\frac{3}{4}}{\frac{7}{8}} = \frac{\frac{3}{4}\cdot 8}{\frac{7}{8}\cdot 8} = \frac{6}{7} \quad \text{oder} \quad \frac{\frac{3}{4}}{\frac{7}{8}} = \frac{3}{4}\cdot\frac{8}{7} = \frac{6}{7}$$

Manchmal kann man sich auch helfen, indem man einen Bruch in eine Dezimalzahl umwandelt und so einen Doppelbruch vermeidet: Steht im Nenner beispielsweise $\frac{1}{2}$, so verschwindet der Bruch im Nenner, wenn man dafür einfach 0.5 schreibt.

Um Brüche zu addieren, müssen sie vorher gleichnamig gemacht werden, d. h. sie müssen durch Erweitern auf einen gemeinsamen Nenner gebracht werden. Dieser Nenner muss also ein Vielfaches jedes der beiden einzelnen Nenner sein. Man kann dazu einfach die beiden Nenner miteinander multiplizieren – oft führt dies aber zu unnötig großen Zahlen. Dies ist fehleranfällig und außerdem erschwert es die Sicht auf späteres Kürzen. Mit etwas Übung kann man auch kleinere gemeinsame Vielfache der beiden Nenner (als das Produkt derselben) finden. Entscheiden Sie selbst, welcher der folgenden Rechenwege Ihnen angenehmer erscheint (und verfahren Sie in Zukunft entsprechend!):

$$\frac{5}{17} + \frac{7}{34} = \frac{2\cdot 5}{2\cdot 17} + \frac{7}{34} = \frac{10}{34} + \frac{7}{34} = \frac{17}{34} = \frac{1}{2}$$

oder

$$\frac{5}{17} + \frac{7}{34} = \frac{5\cdot 34}{17\cdot 34} + \frac{7\cdot 17}{17\cdot 34} = \frac{170}{578} + \frac{119}{578} = \frac{170+119}{578} = \frac{289}{578} = \frac{1}{2}.$$

Hat man den Nenner faktorisiert, oder die Faktoren erkannt (in obigem Beispiel: $34 = 2\cdot 17$), dann fällt die Wahl eines kleinen Hauptnenners leicht. Dies gilt auch bei quadratischen Ausdrücken im Nenner, die wir schon faktorisieren gelernt haben: Beispielsweise wählt man bei Brüchen mit den Nennern $x^2 + 2\,x\,y + y^2$ und $x^2 - y^2$ als Hauptnenner $(x+y)^2(x-y)$ (binomische Formeln!) und lieber nicht $(x^2 + 2\,x\,y + y^2)\,(x^2 - y^2)$.

Aufgabe

1.8 Vereinfachen Sie die folgenden Ausdrücke soweit wie möglich. Dazu schreiben Sie zunächst den in der Aufgabe gegebenen Ausdruck ab, fügen ein Gleichheitszeichen und formen um. Achten Sie darauf, einen möglichst einfachen Hauptnenner zu wählen und multiplizieren Sie erst dann aus, wenn es notwendig ist. Am Ende erhalten Sie eine Kette von mit Gleichheitszeichen verbundenen Ausdrücken. Überprüfen Sie Ihr Ergebnis stichprobenweise, indem Sie für x konkrete Zahlen in den

Ausdruck zu Beginn der Kette und zum Ende der Kette einsetzen und die entstehenden Zahlen auf Gleichheit prüfen.

a) $\dfrac{x+3}{x^2-4}+\dfrac{x-3}{x-2}$ b) $\dfrac{3-x}{x^2-4}+\dfrac{2\,x+1}{x^2-4\,x+4}$

c) $\dfrac{\dfrac{x}{x^2-9}}{x-2}+\dfrac{7-x}{\dfrac{x^2-6\,x+9}{x-1}}$ d) $\dfrac{3}{\dfrac{x+3}{x-2}}+\dfrac{\dfrac{x-102}{x-4}}{x+3}$

1.3 Prozentrechnung

In der Prozentrechnung geht es um die Angabe von Anteilen an Bezugsgrößen, wobei der Anteil in $\frac{1}{100}$ angegeben wird – „Prozent" (aus dem Lateinischen), bezeichnet mit dem Symbol %, bedeutet nichts anderes als „ein Faktor von einem Hundertstel". Damit ist das Geheimnis der Prozentrechnung eigentlich schon gelüftet – es handelt sich um nichts anderes als Bruchrechnung in Hundertsteln. Beispielsweise ist 7 von 70 ein Zehntel von 70 (denn $\frac{7}{70}=\frac{1}{10}$), was in Hundertstel umgerechnet (Erweitern mit 10) $\frac{10}{100}$ von 70, also 10 % von 70 ergibt. In manchen Anwendungen verwendet man auch Promille, bezeichnet mit ‰, ein Faktor, der für „ein Tausendstel" steht. Dieser Begriff ist beispielsweise alkoholischen Getränken nicht abgeneigten Autofahrern geläufig.

Beispiel 1.6

a) An einer Fachhochschule, die nicht namentlich genannt werden möchte, nahmen an einer Mathematik-Klausur 135 Studierende teil. Davon bestehen 45 diese Prüfungsklausur. Wie hoch ist die Durchfallquote?
b) Bei genauer Durchsicht der Anmeldelisten für obige Klausur stellt sich heraus, dass von den 135 Teilnehmern nur 60 vor Studienbeginn intensiv ihre Kenntnisse der Schulmathematik aufgefrischt haben. Darunter sind alle, die die Klausur bestanden haben. Wie hoch ist die Durchfallquote unter diesen gut vorbereiteten Studierenden?
c) Eine rechtlich relevante Grenze beim Blutalkoholgehalt ist die 0.5-Promille-Grenze. Welche Menge Alkohol darf im Blut eines Menschen zirkulieren, wenn wir von einer Gesamtblutmenge von 6 l ausgehen?
d) Ein Artikel wird um p % teurer. Um wie viel Prozent war er vorher billiger?

Lösung:
a) Da 45 Teilnehmer die Klausur bestanden haben, müssen $135 - 45 = 90$ durchgefallen sein. Der Anteil der durchgefallenen Studierenden an den Teilnehmern ist daher $\frac{90}{135} = \frac{2}{3} \approx 66.7\,\%$ – dies ist die Durchfallquote.
b) Wir haben unter den 60 im genannten Sinne gut vorbereiteten Studierenden also wieder die 45, die die Klausur bestanden haben. Die Frage nach der Durchfallquote zielt jetzt auf die Bezugsgröße der Anzahl der gut vorbereiteten Studierenden. Von diesen sind nur $60 - 45 = 15$ durchgefallen, was einer Durchfallquote von $\frac{15}{60} = 0.25 = 25\,\%$ entspricht.
c) 0.5 ‰ von 6 l sind 0.5 Tausendstel von 6 l, also $\frac{0.5}{1000} \cdot 6\,\text{l} = \frac{3}{1000}\,\text{l} = 3\,\text{ml}$.
d) Wenn der Artikel vor der Preiserhöhung $100\,\%$ kostete, kostet er nachher also $(100+p)\,\%$. Hier haben wir als Bezugsgröße den alten Preis genommen. In der Frage, um wie viel er vorher billiger war, bezieht man sich aber auf den neuen Preis: Der Anteil des alten Preises am neuen ist $\frac{100}{100+p}$. Die Erhöhung macht also relativ zum neuen Preis $1 - \frac{100}{100+p} = \frac{p}{100+p}$ aus, in Prozenten also $\frac{100\,p}{100+p}\,\%$. ■

Aufgaben

1.9 In den Fahrkartenpreisen der Bahn ist derzeit $16\,\%$ Mehrwertsteuer enthalten. Wieviel Mehrwertsteuer ist in einem Fahrkartenpreis enthalten, wenn der Kunde am Schalter für eine Fahrkarte 29.00€ bezahlt?

1.10 Sie eröffnen bei einer Bank ein Sparkonto mit wachsendem Zins ein Kapital von 1000€. Die Bank zahlt einen jährlichen Zins von $1\,\%$ im ersten, $2\,\%$ im zweiten und 2.5% im dritten Jahr. Wie hoch ist der Zinsertrag insgesamt nach 3 Jahren, wenn der Zins jährlich ausgezahlt wird und nicht weiter mitverzinst wird? Wie hoch ist der Zinsertrag insgesamt nach 3 Jahren, wenn der Zins jährlich dem Kapital gutgeschrieben wird und weiter mitverzinst wird?

1.4 Rechnen mit Potenzen

Wir haben bereits die Multiplikation als abkürzende Schreibweise für das mehrfache Addieren einer festen Zahl zu sich selbst erkannt. Nun kommt es aber auch vor, dass ein- und dieselbe Zahl mehrfach mit sich selbst multipliziert wird. Die abkürzende Schreibweise hierfür ist die Potenz:

Das Potenzieren ist eine Abkürzung für die Multiplikation.
Für natürliche Zahlen n setzt man
$x^n := \underbrace{x \cdot x \cdots x \cdot x}_{n\text{mal}}$ (lies: „x hoch n"), die n-te Potenz von x.

Bemerkung: Die Notation := bedeutet „ist definiert als", während = einfach nur für „ist gleich" steht. Bei der Verwendung von := wird also eine neue Schreibweise oder ein neues Symbol eingeführt, das sich dann auf der linken Seite findet (auf der Seite, auf der der Doppelpunkt steht). Es handelt sich also nicht um das Ergebnis einer Rechnung oder einer Umformung – dafür würde man eben das einfache Gleichheitszeichen = verwenden. In der Literatur wird häufig auch = bei Definitionen verwendet; in diesem Fall ist auf den Kontext zu achten.

Potenzrechenregeln

Für alle x ist per Definition: $x^0 := 1$ (also insbesondere $0^0 = 1$) und für $x \neq 0: \quad x^{-n} := \frac{1}{x^n}$.
Dann gilt für alle $x, y \neq 0$, $n, m \in \mathbb{Z}$:

$$x^{n+m} = x^n\, x^m, \quad (x^n)^m = x^{n\,m}, \quad (x\,y)^n = x^n\, y^n.$$

Analog zur Regel „Punkt- vor Strichrechnung" gilt auch „Potenz- vor Punktrechnung"; Potenzen in gemischten Ausdrücken binden stärker als Faktoren und Summen.

$$a + b^n := a + (b^n), \qquad a \cdot b^n := a \cdot (b^n), \qquad a^{b^c} := a^{(b^c)}.$$

Beispielsweise ist also $2^{3^2} = 2^9 = 512$ und nicht $8^2 = 64$. Nebenbei sollte jeder, der sich intensiver mit Computern beschäftigt, mit den Potenzen von 2 bis hinauf zu $2^{10} = 1024$ vertraut sein (und diese auswendig kennen).
Die Vorrangregeln für die verschiedenen Operationen dienen also wiederum dazu, Klammern einzusparen. Man ist stets interessiert, so wenige Klammern wie möglich zu verwenden, jedoch nicht noch weniger![1]
Wie wir sehen, gibt es keine allgemeine Regel für die Addition zweier Potenzen. Insbesondere ist im Allgemeinen $(a + b)^n \neq a^n + b^n$.

[1] „Alles sollte so einfach wie möglich gemacht werden, aber nicht einfacher."(Albert Einstein)

Aufgabe

1.11 Vereinfachen Sie die folgenden Ausdrücke so weit wie möglich. Wenn möglich, faktorisieren Sie.

a) $2^{0.5^{-3}}$ b) $\left(\dfrac{x^5}{x^{-5}}\right)^{-1}$ c) $\left(\dfrac{a^3\,x^5}{a^{-2}\,x^3}\right)^4$ d) $(2\,a)^7 + (-a)^7$

e) $(-2\,a)^4 + 3\,(-4)^2 + (0.5)^{-4}$ f) $7\,(a-b)^3 + 3\,(b-a)^3$

g) $\dfrac{a+b}{a-b}\cdot(a^2-b^2)^{-1}$ h) $(a^8-1)\,(a^4+1)^{-1}$

Bis jetzt bestand die ganze mathematische Symbolik allein aus Abkürzungen für an sich harmlose Ausdrücke und Formeln. In der Tat, die mathematische Darstellung von Sachverhalten besteht weitgehend aus solchen abkürzenden Symbolen, und wenn man sich einmal daran gewöhnt hat, erkennt man den ungeheuren Vorteil – man muss viel weniger schreiben und kann leichter damit rechnen. Ohne die abkürzenden Symbole wären die Ausdrücke erheblich länger und damit ziemlich unübersichtlich.

1.5 Summen- und Produktzeichen

Wir erinnern uns, dass die Multiplikation die Abkürzung für das mehrfache Addieren ein- und derselben festen Zahl zu sich selbst darstellt. Schön wäre es, auch eine Abkürzung für mehrfache Additionen zu haben, wenn die einzelnen Summanden nicht gleich sind. Auch das gibt es:

Summenzeichen

Für die Addition von x_1 bis x_n schreibt man

$$\sum_{i=1}^{n} x_i := x_1 + x_2 + \ldots + x_{n-1} + x_n.$$

Analog für die Addition von x_k bis x_n $(k \leq n)$:

$$\sum_{i=k}^{n} x_i := x_k + x_{k+1} + \ldots + x_{n-1} + x_n.$$

Für $k > n$ vereinbart man: $\sum\limits_{i=k}^{n} x_i := 0.$

Bemerkungen:
1. Das Summenzeichen $\sum$ ist nichts anderes als eine Abkürzung. Wenn man sich einmal daran gewöhnt hat, weiß man seine Vorzüge zu schätzen: Mit dem Summenzeichen lassen sich viele Formeln wesentlich kürzer und übersichtlicher schreiben.
2. Das Ausschreiben einer Summe $\sum\limits_{i=1}^{n} x_i$ geschieht also wie folgt: Man nehme den Startindex, hier $i = 1$, setze dann in x_i (x_i ist der Ausdruck rechts vom Summenzeichen) anstelle von i diesen Index, also 1 ein, und schreibe x_1 auf. Dann nehme man den nächsten Index, also den um 1 höheren, hier also $i = 2$, setze in x_i für i diesen Wert, also 2, ein. Man erhält x_2 und addiere dies zu x_1, was $x_1 + x_2$ ergibt. Auf diese Weise fahre man fort, bis man zum letzten Index, hier $i = n$, gelangt. Man bildet x_n und addiert dies zu den bereits aufaddierten $x_1 + x_2 + \ldots x_{n-1}$ und erhält schließlich $x_1 + x_2 + \ldots + x_{n-1} + x_n$. Hat man dies zur Übung an einigen Beispielen durchgeführt, so verliert das Summenzeichen seinen anfänglichen Schrecken und man kann seine Vorzüge genießen. Wann immer man nicht mit einem Summenzeichen umzugehen weiß, empfiehlt es sich, diese Abkürzung einfach in der obigen Weise auszuschreiben.

Beispiel 1.7

Schreiben Sie die folgenden Summen aus und berechnen Sie jeweils ihren Wert.

a) $\sum\limits_{i=1}^{7} i$ b) $\sum\limits_{i=1}^{5} i^2$ c) $\sum\limits_{i=-3}^{3} i^2$ d) $\sum\limits_{i=0}^{7} 5$ e) $\sum\limits_{i=3}^{9} (i-2)$

Lösung: Wir vergleichen die konkreten Beispiele mit der allgemeinen Form und identifizieren dabei x_i.

a) $x_i = i$, also: $\sum\limits_{i=1}^{7} i = 1 + 2 + 3 + 4 + 5 + 6 + 7 = 28$

b) $x_i = i^2$, also: $\sum\limits_{i=1}^{5} i^2 = 1^2 + 2^2 + 3^2 + 4^2 + 5^2 = 55$

c) $x_i = i^2$, also: $\sum\limits_{i=-3}^{3} i^2 = (-3)^2 + (-2)^2 + (-1)^2 + 0^2 + 1^2 + 2^2 + 3^2 = 28$

d) $x_i = 5$, also: $\sum\limits_{i=0}^{7} 5 = 5 + 5 + 5 + 5 + 5 + 5 + 5 + 5 = 8 \cdot 5 = 40$

e) $x_i = i - 2$, also: $\sum_{i=3}^{9}(i-2)$

$$= (3-2) + (4-2) + (5-2) + (6-2) + (7-2) + (8-2) + (9-2) = 28$$

Bei d) lassen sich Anfänger gerne irritieren, weil im x_i gar kein i vorkommt. Fortgeschrittene wissen, dass das viel einfacher zu rechnen ist als wenn x_i von i abhängen würde. Da der Summand x_i konstant ist, haben wir hier die altbekannte Addition immer derselben Zahl zu sich selbst, was einer Multiplikation entspricht. Wir müssen nur feststellen, wie oft der Summand addiert wird: Genau so viele Male, wie es Indizes i gibt, die durchlaufen werden, hier also von $i = 0$ bis $i = 7$, das sind also 8 Summanden (nicht die Null vergessen!). Ergebnis: $8 \cdot 5$.
Bei e) erhalten wir das gleiche Ergebnis wie bei a), was bei näherem Hinsehen nicht verwundern kann: Das Ergebnis ist deshalb gleich, weil genau die gleichen Summanden addiert werden. Hier hat eine *Indexverschiebung* stattgefunden: Der Index in e) startet um 2 später als der in a), und endet auch um 2 später. Dies wird dadurch wieder ausgeglichen, dass im x_i in a) das i durch $i - 2$ ersetzt wird. Analog kann man jede Summe umschreiben, indem man den Index um eine Zahl (in e) ist es 2) nach oben oder auch nach unten verschiebt. ∎

Regel für die Indexverschiebung um $a \in \mathbb{Z}$: $$\sum_{i=k}^{l} x_i = \sum_{i=k+a}^{l+a} x_{i-a}.$$

In obiger Regel sehen Sie viele Buchstaben um das ungewohnte Summenzeichen herum. Wer sich nicht abschrecken lässt und obiges Beispiel in Ruhe studiert, erkennt, dass es sich um eine Harmlosigkeit handelt. Man kann sich leicht davon überzeugen, wenn man das abkürzende Summenzeichen durch die ausgeschriebene Summe wie in der Definition ersetzt. Überhaupt sollte man beim Hantieren mit dem Summenzeichen folgende Regel beherzigen.

Alle Probleme bei der Verwendung des Summenzeichens verschwinden, wenn man das Summenzeichen ausschreibt als das, wofür es als Abkürzung steht!

Das Pendant zum Summenzeichen für die Multiplikation, also ein abkürzendes Symbol für das Multiplizieren unterschiedlicher Faktoren, ist das Produktzeichen.

Produktzeichen

Für das Produkt von x_1 bis x_n schreibt man

$$\prod_{i=1}^{n} x_i := x_1 \cdot x_2 \cdot \ldots \cdot x_{n-1} \cdot x_n.$$

Analog für das Produkt von x_k bis x_n ($k \leq n$):

$$\prod_{i=k}^{n} x_i := x_k \cdot x_{k+1} \cdot \ldots \cdot x_{n-1} \cdot x_n.$$

Für $k > n$ vereinbart man: $\prod_{i=k}^{n} x_i := 1.$

Bemerkung: Für das Produktzeichen Π gelten alle Aspekte der obigen Bemerkung zum Summenzeichen entsprechend. Auch die Regel für die Indexverschiebung überträgt sich analog.

Beispiel 1.8

Schreiben Sie die folgenden Produkte aus und berechnen Sie jeweils ihren Wert.

a) $\prod_{i=1}^{5} i$ b) $\prod_{i=0}^{5} i$ c) $\prod_{i=-3}^{3} 2^i$ d) $\prod_{i=0}^{7} 2$ e) $\prod_{i=-1}^{3} (i+2)$

Lösung: Wir vergleichen die konkreten Beispiele mit der allgemeinen Form und identifizieren dabei x_i.

a) $x_i = i$, also: $\prod_{i=1}^{5} i = 1 \cdot 2 \cdot 3 \cdot 4 \cdot 5 = 120$

b) $x_i = i$, also: $\prod_{i=0}^{5} i = 0$ (da einer der auftretenden Faktoren 0 ist)

c) $x_i = 2^i$, also: $\prod_{i=-3}^{3} 2^i = 2^{-3}\, 2^{-2}\, 2^{-1}\, 2^0\, 2^1\, 2^2\, 2^3 = 1$

d) $x_i = 2$, also: $\prod_{i=0}^{7} 2 = 2 \cdot 2 \cdot 2 \cdot 2 \cdot 2 \cdot 2 \cdot 2 \cdot 2 \cdot = 2^8 = 256$

e) $x_i = i + 2$, also:

$$\prod_{i=-1}^{3} (i+2) = (-1+2)\,(0+2)\,(1+2)\,(2+2)\,(3+2) = 120$$

Hinsichtlich d) und e) gilt das schon in Beispiel 1.7 zu d) und e) Gesagte entsprechend. ■

1.6 Fakultät und Binomialkoeffizienten

Definition

Für $n \in \mathbb{N}_0$ definiert man $n\,!$ (lies: „n **Fakultät**") als:

$$n\,! := \prod_{i=1}^{n} i = 1 \cdot 2 \cdots (n-1) \cdot n \quad \text{für } n > 0; \qquad 0\,! := 1.$$

Für $n, k \in \mathbb{N}_0$, $n \geq k$ ist der **Binomialkoeffizient** $\binom{n}{k}$ (lies: „n über k") definiert als:

$$\binom{n}{k} := \frac{n\,!}{k\,!\,(n-k)\,!} = \frac{n \cdot (n-1) \cdots (k+1)}{(n-k) \cdot (n-k-1) \cdots 2 \cdot 1}.$$

Bemerkungen: Kombinatorische Bedeutung:
1. $n\,!$ ist die Anzahl der Möglichkeiten, n verschiedene Objekte in einer Reihe anzuordnen: Seien z. B. die drei Buchstaben a, b, c anzuordnen, also $n = 3$. Es gibt dann $3\,! = 6$ verschiedene Reihenfolgen: abc, acb, bac, bca, cab, cba.
2. Man kann $n\,!$ auch rekursiv definieren, d. h. „auf sich selbst zurückgreifend". Dabei wird der Wert von $n!$ über den Wert von $(n-1)\,!$ definiert; zusätzlich gibt man den Wert der Fakultät für das kleinst mögliche n an, also hier $n = 0$. Insgesamt sieht die rekursive Definition der Fakultät so aus:

$$0\,! := 1, \qquad (n+1)\,! := (n+1) \cdot n\,!.$$

Dies rechnet man leicht mit der Definition und dem Produktzeichen nach. Auch die kombinatorische Bedeutung lässt die rekursive Definition sofort einsehen: Beginnt man $n+1$ Objekte in einer Reihe anzuordnen, so hat man für den ersten Platz $n+1$ Möglichkeiten (eben soviele wie es Objekte gibt). Ist die Belegung des ersten Platzes festgelegt, so sind noch die n verbleibenden Objekte auf die n verbleibenden Plätze zu verteilen, wozu es $n\,!$ Möglichkeiten gibt. Wir sehen also, dass es für jede mögliche Belegung des ersten

Platzes $n!$ Möglichkeiten für die Belegung der restlichen n Plätze gibt. Da $n+1$ verschiedene Belegungen für den ersten Platz möglich sind, hat man insgesamt $(n+1)!$ Möglichkeiten, die $n+1$ Objekte anzuordnen.
3. $n!$ wächst mit wachsendem n enorm schnell an, z. B. ist $69! \approx 1.7 \cdot 10^{98}$; ein Taschenrechner stößt damit an seine Grenzen.
4. $\binom{n}{k}$ ist die Anzahl der Möglichkeiten, aus einer n-elementigen Menge k Elemente auszuwählen, denn:
Wir wählen die k Elemente nacheinander aus. Für die Wahl des ersten Elements gibt es n Möglichkeiten, für die Wahl des zweiten nur noch $n-1$ (denn eines fehlt ja schon), für die Wahl des dritten noch $n-2$ Möglichkeiten, usw., für die Wahl des k-ten gibt es dann noch $n-(k-1)$ Möglichkeiten. Für die Kombination aller dieser Möglichkeiten gibt es dann $n\cdot(n-1)\cdots(n-k+1) = \frac{n!}{(n-k)!}$ Möglichkeiten. Da es aber auf die Reihenfolge, in der die k Elemente ausgewählt werden, nicht ankommt, muss noch durch die Anzahl der möglichen Reihenfolgen der k Elemente, also $k!$ (siehe 1.), dividiert werden und man erhält $\binom{n}{k}$ Möglichkeiten.
Es ist beispielsweise $\binom{7}{3} = \frac{7!}{3!\,4!} = \frac{7\cdot 6\cdot 5\cdot 4}{4\cdot 3\cdot 2\cdot 1} = 7\cdot 5 = 35$. Beim Lotto „6 aus 49“ hat man demnach eine Chance von $1 : \binom{49}{6} = 1 : 13983816$ auf „sechs Richtige“. Eine n-elementige Menge hat also genau $\binom{n}{k}$ verschiedene k-elementige Teilmengen.
5. Im Englischen liest man daher auch $\binom{n}{k}$ als „n choose k“ (und nicht etwa „n over k“, was nämlich $\frac{n}{k}$ bedeutet).

Nützliche Formeln:
Für alle $n, k \in \mathbb{N}_0, n \geq k$ gilt:

$$\binom{n}{0} = \binom{n}{n} = 1, \quad \binom{n}{1} = \binom{n}{n-1} = n, \quad \binom{n}{k} = \binom{n}{n-k}, \tag{1.1}$$

$$\binom{n+1}{k} = \binom{n}{k} + \binom{n}{k-1} \quad \text{falls } k \geq 1 \tag{1.2}$$

Die letzte Formel kann als Rekursionsformel für Binomialkoeffizienten angesehen werden. Ordnet man die Binomialkoeffizienten in Form eines Dreiecks an, d. h. in der ersten Zeile steht $\binom{0}{0}$, in der zweiten $\binom{1}{0}$ und $\binom{1}{1}$, in der dritten $\binom{2}{0}, \binom{2}{1}, \binom{2}{2}$, usw., in der n-ten Zeile $\binom{n}{0}, \binom{n}{1}, \ldots, \binom{n}{n-1}, \binom{n}{n}$, so erhält man das Pascal'sche Dreieck[1]. Die Rekursionsformel zeigt dann, dass der Binomialkoeffizient $\binom{n+1}{k}$ aus den beiden direkt darüber stehenden Binomialkoeffizienten $\binom{n}{k}$ und $\binom{n}{k-1}$ durch Addition hervorgeht.

[1] Blaise Pascal, 1623-1662, französischer Mathematiker

$$
\begin{array}{ccccccc}
 & & & \binom{0}{0} & & & \\
 & & \swarrow\;\binom{1}{0}\;\searrow & & \swarrow\;\binom{1}{1}\;\searrow & & \\
 & \swarrow\;\binom{2}{0}\;\searrow & & \swarrow\;\binom{2}{1}\;\searrow & & \swarrow\;\binom{2}{2}\;\searrow & \\
\swarrow\;\binom{3}{0}\;\searrow & & \swarrow\;\binom{3}{1}\;\searrow & & \swarrow\;\binom{3}{2}\;\searrow & & \swarrow\;\binom{3}{3}\;\searrow \\
 & & & \dots & & &
\end{array}
$$

Eine schöne Illustration findet man in [1].

Aufgaben

1.12 Man ersetze in den folgenden Gleichungen die Fragezeichen, so dass die Gleichungen richtig werden. Üben Sie so lange, bis Sie diese Aufgabe in 3 Minuten erledigen können. Sollte es Probleme geben, denken Sie daran, dass Sie in diesem Kapitel gelernt haben, wie man Probleme mit dem Summen- oder Produktzeichen zum Verschwinden bringt. Prüfen Sie damit auch, ob Sie richtig gerechnet haben – und *nicht*(!) durch Nachschauen in der Lösung.

$$
\begin{aligned}
1+3+5+\ldots(2n-3)+(2n-1) &= \sum_{i=1}^{?} ? = \sum_{i=3}^{?} ? = \sum_{i=5}^{?} ? \\
&= \sum_{i=?}^{n} ? = \sum_{i=?}^{n-1} ? = \sum_{i=?}^{?} (2\,i+5)
\end{aligned}
$$

$$
1+x+\frac{x^2}{2\,!}+\frac{x^3}{3\,!}+\ldots+\frac{x^n}{n\,!} = \sum_{i=0}^{?} ? = \sum_{i=3}^{?} ? = \sum_{i=-2}^{?} ? = ? \cdot \sum_{i=0}^{?} \frac{x^{i-1}}{i\,!}
$$

$$
n\,! = \prod_{i=3}^{?} ? = \prod_{i=?}^{n-2} ? = \prod_{i=?}^{?} (i+1) \qquad \prod_{i=1}^{n} 2 = ? \qquad \sum_{i=0}^{n} 0^i = ?
$$

$$
\sum_{i=0}^{n} x^{0\cdot i} = ? \qquad \prod_{i=0}^{n} x^i = x^{\sum_{i=?}^{?} ?} \qquad \frac{\prod_{i=1}^{n} i}{\prod_{i=3}^{n-1} i} = ? \qquad \frac{\prod_{i=1}^{n} 4^i}{\prod_{i=2}^{n+1} 2^i} = ?
$$

1.13 Auf einer internationalen Konferenz treffen sich Vertreter mit 10 unterschiedlichen Landessprachen. Wie viele Dolmetscher werden benötigt, wenn für jede Übersetzung zwischen zwei Sprachen ein eigener Dolmetscher anwesend sein soll?

1.14 Berechnen Sie $\binom{150}{2}$.

1.15 Weisen Sie die Formeln (1.1) und (1.2) nach.
Hinweis: Wenn man eine Gleichung nachzuweisen hat, beginnt man mit der komplizierter aussehenden Seite der Gleichung, schreibt diese noch einmal hin und beginnt umzuformen, und zwar solange bis man die andere, gewünschte Seite der Gleichung erreicht hat.

1.16 Berechnen Sie die ersten 5 Zeilen im Pascal'schen Dreieck.

Warum heißen die Binomialkoeffizienten nun so wie sie heißen, oder was haben sie mit binomischen Formeln zu tun? Wir erinnern uns, dass man mit den binomischen Formeln Ausdrücke der Form $(a+b)^2$ ausmultipliziert schreiben kann. Mit Hilfe der Binomialkoeffizienten lassen sich nun auch Ausdrücke der Form $(a+b)^n$ ausmultipliziert schreiben.

Binomialsatz

Für alle $a, b \in \mathbb{R}$, $n \in \mathbb{N}_0$ gilt:

$$(a+b)^n = \sum_{i=0}^{n} \binom{n}{i} a^i b^{n-i}.$$

Bemerkungen:
1. Man kann sich leicht klar machen, warum $(a+b)^n$ ausmultipliziert die Form der obigen Summe annimmt: Wir wissen ja, dass

$$(a+b)^n = \underbrace{(a+b)(a+b)(a+b)\cdots(a+b)}_{n\,\text{mal}}.$$

Würde man ausmultiplizieren, so sieht man, dass man eine Summe von Termen der Form $a^i \cdot b^{n-i}$ erhält, und zwar für $i = 0, \ldots, n$. Dabei treten diese Terme teilweise mehrfach auf, und zwar tritt $a^i \cdot b^{n-i}$ genau so oft auf, wie man Möglichkeiten hat, i Elemente aus n auszuwählen (man muss nämlich

i Klammern für a und $n-i$ Klammern für b wählen), d. h. genau $\binom{n}{i}$ mal. Damit ergibt sich die obige Formel.
2. Betrachtet man den Binomialsatz für ein festes n, so sieht man, dass die Summe auf der rechten Seite alle Binomialkoeffizienten $\binom{n}{i}$ für $i = 0, \ldots, n$ enthält. Diese findet man genau in der n-ten Zeile des Pascal'schen Dreiecks (wobei wir die erste Zeile als nullte Zeile zählen).

Beispiel 1.9

Formulieren Sie den Binomialsatz mit ausgeschriebenem Summenzeichen für $n = 0, \ldots, 3$.

Lösung:

$$n = 0 : (a+b)^0 = \sum_{i=0}^{0} \binom{0}{i} a^i\, b^{0-i} = \binom{0}{0} a^0\, b^{0-0} = 1$$

$$n = 1 : (a+b)^1 = \sum_{i=0}^{1} \binom{1}{i} a^i\, b^{1-i} = \binom{1}{0} a^0\, b^{1-0} + \binom{1}{1} a^1\, b^{1-1} = b + a$$

$$\begin{aligned} n = 2 : (a+b)^2 &= \sum_{i=0}^{2} \binom{2}{i} a^i\, b^{2-i} \\ &= \binom{2}{0} a^0\, b^{2-0} + \binom{2}{1} a^1\, b^{2-1} + \binom{2}{2} a^2\, b^{2-2} = b^2 + 2\,a\,b + a^2 \end{aligned}$$

$$\begin{aligned} n = 3 : (a+b)^3 &= \sum_{i=0}^{3} \binom{3}{i} a^i\, b^{3-i} \\ &= \binom{3}{0} a^0\, b^{3-0} + \binom{3}{1} a^1\, b^{3-1} + \binom{3}{2} a^2\, b^{3-2} + \binom{3}{3} a^3\, b^{3-3} \\ &= b^3 + 3\,a\,b^2 + 3\,a^2\,b + a^3 \end{aligned}$$

Im Fall $n = 2$ erkennen wir die erste binomische Formel wieder. ∎

Aufgabe

1.17 Geben Sie mit Hilfe des Binomialsatzes eine Formel für $(a-b)^n$ an. Schreiben Sie für die Fälle $n = 0, \ldots, 3$ das Summenzeichen aus. Hinweis: Möglicherweise erinnern Sie sich, dass $a - b = a + (-b)$ ist.

Bemerkung: Alle Rechenregeln, die wir bisher kennen gelernt haben, und ebenso alle, die wir noch kennen lernen werden, gelten nur bei exakter Rechnung. Für Rechnungen auf einem Computer sind diese Regeln oft nicht mehr erfüllt – auf einem Computer wird nur mit einer endlichen Anzahl von Stellen gerechnet. Daher ist mit Rundungsfehlern zu rechnen. Dies kann in Anwendungen von Bedeutung sein und muss u. U. berücksichtigt werden. Genaueres findet man dazu z. B. in [3].

Zusammenfassung

In diesem Kapitel haben wir

- die Rechenregeln für die vier Grundrechenarten wiederholt,
- erkannt, welchen Sinn Klammern in Ausdrücken haben,
- gesehen, wie man mit Brüchen geschickt rechnen kann,
- die Potenzrechenregeln wiederholt,
- uns von der vielseitigen Verwendbarkeit der binomischen Formeln überzeugt,
- Summen- und Produktzeichen als abkürzende Symbole schätzen gelernt,
- Fakultät und Binomialkoeffizienten und ihre kombinatorische Bedeutung kennen gelernt.

2 Elementare Strukturen

2.1 Aussagenlogik

In Kapitel 1 haben wir verschiedene mathematische Operationen kennen gelernt und gesehen, wie man Ausdrücke mit Hilfe von Rechenregeln umformen kann. In Anwendungen geht es nun darum, Eigenschaften dieser Ausdrücke festzustellen. Dazu wird geprüft, ob ein Ausdruck eine bestimmte Eigenschaft besitzt oder nicht. In diese Entscheidung fließen in der Regel die Gegebenheiten der Aufgabenstellung ein. Eine Eigenschaft könnte beispielsweise „ist positiv“ sein, und die Prüfung, ob ein Ausdruck positiv ist, könnte ergeben „ja, er ist es“ oder „nein, er ist es nicht“. Es wird also eine *Aussage* über diesen Ausdruck gemacht. Man kann sich das so vorstellen, dass einem Objekt eine Eigenschaft zugewiesen wird, die dieses Objekt entweder besitzt oder nicht besitzt.

Definition

Eine **Aussage** ist ein sprachliches Gebilde, das entweder wahr oder falsch ist. Steht in einer Aussage anstelle einer Konstanten eine Variable wie beispielsweise x, so spricht man von einer **Aussageform**. Man bezeichnet „wahr“ und „falsch“ als die beiden möglichen **Wahrheitswerte**.

Bemerkungen:
1. Bei der Beurteilung, ob es sich bei einem Wortgebilde um eine Aussage handelt, spielt es keine Rolle, ob Sie in der Lage sind, den Wahrheitsgehalt festzustellen. Es kommt nur darauf an, *dass* Sie erkennen, ob das Wortgebilde entweder wahr oder falsch ist – dann handelt es sich um eine Aussage.
2. Für das logische Erfassen beim Lesen von (beispielsweise) technischen Texten ist das Erkennen der formulierten Zusammenhänge wichtig. Oft kann man sich die Bedeutung erschließen, wenn man die Zusammenhänge logisch richtig erfasst, ohne dass man – zunächst – alle Begriffe versteht.

Beispiel 2.1

Welche der folgenden Formulierungen sind Aussagen oder Aussageformen?

- A: Alle Bücher aus dem Fachbuchverlag Leipzig sind empfehlenswert.
- B: In dieser Zeile ist kein Rechtschreibvehler.

- C: Wie spät ist es?
- D: In diesem Buch sind genau 402452 Buchstaben.
- E: $4 + 3 = 7$
- F: $x + 3 = 9$
- G: Alle durch 4 teilbaren Zahlen sind gerade.
- H: x ist durch 4 teilbar und gerade.

Lösung: A, B, D, E, G sind Aussagen (Hoffentlich haben Sie nicht angefangen, die Buchstaben in diesem Buch zu zählen!). C ist weder Aussage noch Aussageform, denn C lässt sich kein Wahrheitswert zuordnen. F und H sind Aussageformen. Setzt man in F und H für x eine konkrete Zahl ein, so werden aus den Aussageformen Aussagen. Aussageformen kann man keinen Wahrheitswert zuordnen. Sind die Variablen aber durch konkrete Zahlen ersetzt, werden sie zu Aussagen und damit ist es auch (prinzipiell) möglich zu entscheiden, ob sie wahr oder falsch sind. ■

Mit einer Aussage (oder einer Aussageform) allein lässt sich wenig anfangen. Interessant wird es, wenn man verschiedene Aussagen miteinander verknüpft.

Verknüpfungen von Aussagen

Seien A und B Aussagen.

- $\neg A$ (lies: „nicht A", „Negation von A") ist wahr, falls A falsch ist, und falsch, falls A wahr ist.
- $A \wedge B$ (lies: „A und B") ist wahr, wenn A und B beide wahr sind, und sonst falsch.
- $A \vee B$ (lies: „A oder B") ist wahr, wenn A oder B (d. h. mindestens eins von beiden) wahr ist, und sonst falsch.
- $A \iff B$ (lies: „A äquivalent zu B", „A gleichwertig mit B", „A genau dann, wenn B") ist wahr, wenn A und B den gleichen Wahrheitswert haben und andernfalls falsch.
- $A \Longrightarrow B$ (lies: „aus A folgt B", „wenn A, dann B", „A impliziert B", „A ist hinreichend für B", „B ist notwendig für A") ist wahr, wenn A und B beide wahr sind, und wenn A falsch ist (unabhängig von B). $A \Longrightarrow B$ ist nur falsch, wenn A wahr ist und B falsch.

Bemerkungen:
1. Das Äquivalenz-Zeichen „$\Longleftrightarrow$“ kommt auch in der Form „$: \Longleftrightarrow$“ vor, lies „ist per Definition äquivalent zu“. Dabei wird dann ein neuer Begriff, ein neues Symbol, eingekleidet in eine Aussage geschrieben links von $: \Longleftrightarrow$, eingeführt und definiert als die Aussage, was rechts von „$: \Longleftrightarrow$“ steht. Eine Definition ist logisch immer eine Äquivalenz, weil der neue Begriff gleichbedeutend mit der definierenden Aussage rechts von „$: \Longleftrightarrow$“ ist. Als Beispiel sei hier erwähnt: $2|x : \Longleftrightarrow$ 2 ist Teiler von x.
2. Wenn man Aussagen physikalisch als Schalter interpretiert („Schalter ein“ bedeutet „wahr“, „Schalter aus“ bedeutet „falsch“), so entspricht die „und“-Verknüpfung der Hintereinanderschaltung zweier Schalter. Strom kann nur fließen, wenn beide Schalter eingeschaltet sind. Die „oder“-Verknüpfung entspricht dann einer Parallelschaltung: Ist einer der beiden Schalter eingeschaltet, so kann der Strom über diese freigeschaltete Leitung fließen.
3. Auch Aussageformen können mit den obigen Symbolen verknüpft werden. Der Wahrheitswert der verknüpften Aussageformen kann aber erst festgestellt werden, wenn die Variablen konkret belegt werden (später werden wir noch eine weitere Möglichkeit, Aussageformen in Aussagen zu überführen, kennen lernen).

Da eine Aussage nur die Wahrheitswerte *wahr* und *falsch* (w und f) haben kann, lässt sich leicht eine Übersicht über alle Verknüpfungsmöglichkeiten und ihren jeweiligen Wahrheitswert erstellen. Diese Übersicht nennt man *Wahrheitstafel*.

A	B	$\neg A$	$A \wedge B$	$A \vee B$	$A \Longrightarrow B$
w	w	f	w	w	w
w	f	f	f	w	f
f	w	w	f	w	w
f	f	w	f	f	w

Die Wahrheitswerte zur Folgerung $A \longrightarrow B$ führen bei Ungeübten oft zu Irritationen. Am einfachsten sieht man es vielleicht ein, wenn man sich überlegt, wann die Aussage $A \Longrightarrow B$ falsch ist. Die Aussage *wenn* A, *dann* B ist falsch, wenn zwar A wahr ist, aber B falsch ist. Dieser Fall findet sich in der zweiten Zeile der Wahrheitstafel. In allen anderen Fällen kann die Folgerung nicht falsch sein, insbesondere wenn A falsch ist; also muss sie wahr sein.

Mit Hilfe von Regeln kann man nun Aussagen in äquivalente Aussagen, also in solche von identischem Wahrheitsgehalt umformen. Man beachte, dass nicht die Aussagen identisch sind, sondern nur ihr Wahrheitsgehalt.

Regeln für Aussagen

Seien A, B, C Aussagen. Dann gilt:

- $\neg(\neg A) \iff A, \quad A \vee A \iff A, \quad A \wedge A \iff A$
- $A \vee B \iff B \vee A, \quad A \wedge B \iff B \wedge A$
- $(A \vee B) \vee C \iff A \vee (B \vee C), \quad (A \wedge B) \wedge C \iff A \wedge (B \wedge C)$
- $A \wedge (B \vee C) \iff (A \wedge B) \vee (A \wedge C), \quad A \vee (B \wedge C) \iff (A \vee B) \wedge (A \vee C)$
- De Morgan'sche Regeln[1]:
  $\neg(A \vee B) \iff (\neg A) \wedge (\neg B), \quad \neg(A \wedge B) \iff (\neg A) \vee (\neg B)$
- $(A \Longrightarrow B) \iff (\neg A) \vee B$
- $\neg(A \Longrightarrow B) \iff A \wedge (\neg B)$
- $(A \iff B) \iff ((A \Longrightarrow B) \wedge (B \Longrightarrow A))$

Bemerkungen:
1. Man kann diese Regeln nachweisen, indem man die Wahrheitstafel für die Aussage links vom Äquivalenz-Zeichen und für die rechts davon aufstellt und prüft, ob die Einträge für beide Seiten zeilenweise identisch sind.
2. Man beachte besonders die letzte Regel: Eine Äquivalenz hat eine andere Bedeutung als eine Folgerung. Die Regel besagt, sie hat die Bedeutung von zwei Folgerungen. Ein Beweis für eine Äquivalenz zweier mathematischer Aussagen A und B besteht aus diesem Grund häufig aus zwei Teilen: $A \Longrightarrow B$ (B ist notwendig für A) und $B \Longrightarrow A$ (B ist hinreichend für A). In der Alltagssprache wird häufig Äquivalenz und Folgerung verwechselt, was nicht selten Verständnisprobleme verursacht.

Beispiel 2.2

Analysieren Sie die Aussage „Ein Mann, der einen Sohn hat, ist Vater."

Lösung: Hier handelt es sich um eine Folgerung, was man erkennt, wenn man die Aussage umschreibt als „Wenn ein Mann einen Sohn hat, dann ist er Vater.". Eine solche Umschreibung mit rein sprachlichen Mitteln ist zulässig, wobei darauf zu achten ist, dass die Bedeutung in keinster Weise geändert wird. Wir definieren zwei Aussagen

[1] Augustus de Morgan, 1806-1871, englischer Mathematiker

A: Ein Mann hat einen Sohn. – B: Ein Mann ist Vater.
und sehen, dass unsere ursprüngliche Aussage nichts anderes als $A \Longrightarrow B$ darstellt. Ihr Wahrheitsgehalt ist *wahr*. Die ursprüngliche Aussage ist keine Äquivalenzaussage, denn es ist dort ja nicht gesagt, dass andere Männer (als die mit Sohn) keine Väter sind. Mit anderen Worten: Es steht dort nicht, dass jeder Mann, der Vater ist, auch einen Sohn hat. Was im übrigen auch falsch wäre, denn ein Vater kann ja auch eine Tochter haben. Zur Bestimmung der Negation verwenden wir die Regel $\neg(A \Longrightarrow B) \Longleftrightarrow A \wedge \neg B$. Die Negation der ursprünglichen Aussage lautet damit „Ein Mann hat einen Sohn und ist nicht Vater“. Diese Aussage ist falsch; sie muss es auch sein, denn sie ist ja die Negation einer wahren Aussage (von spitzfindigen Diskussionen über Adoptivkinder und leibliche Kinder, genetische und rechtliche Vaterschaften wollen wir hier absehen). ■

Aussagen vom Typ „wenn A, dann B“ sind von größter Bedeutung, denn mathematische Sätze sind meist genau von dieser Form. A ist die *Voraussetzung*, B die *Behauptung* des Satzes. Den Nachweis, dass ein mathematischer Satz wahr ist, nennt man *Beweis*. Beweise von Sätzen können auf zwei Arten geschehen:

- Man nimmt A an, und folgert daraus unter Benutzung bereits bekannter Sachverhalte die Aussage B (direkter Beweis).
- Man nimmt A und zugleich $\neg B$ an, und folgert daraus einen Widerspruch, d. h. man weist nach, dass $A \wedge \neg B$ falsch ist (Hintergrund: dann ist $\neg(A \wedge \neg B)$ wahr, was äquivalent zu $\neg A \vee B$ ist, was wiederum äquivalent zu $A \Longrightarrow B$ ist: indirekter Beweis).

Folgende Aussage lässt sich zum Beispiel ganz einfach indirekt beweisen:

Schubfachprinzip

Hat man $n+1$ Objekte in n Schubladen verteilt, so gibt es mindestens eine Schublade, in der zwei Objekte liegen.

Beweis:
Voraussetzung A: $n+1$ Objekte sind in n Schubladen verteilt.
Behauptung B: Es gibt mindestens eine Schublade, in der mindestens zwei Objekte liegen.
Zu zeigen ist: $A \Longrightarrow B$.
Indirekter Beweis: Angenommen, A und $\neg B$. Es sind also $n+1$ Dinge in n Schubladen verteilt, aber in allen Schubladen ist höchstens ein Objekt. Dann sind aber in allen n Schubladen zusammen höchstens n mal höchstens ein

Objekt, also höchstens n Objekte. Wir waren aber von $n + 1$ verteilten Objekten ausgegangen, es liegt also ein Widerspruch vor. Damit ist der Beweis abgeschlossen.

Wir hatten schon erwähnt, dass Aussageformen, in denen man die Variablen durch konkrete Werte (oft, aber nicht immer, sind dies Zahlen) ersetzt, zu Aussagen werden. Eine weitere Möglichkeit ist die *Quantifizierung* von Aussageformen.

Quantifizierung von Aussageformen

Sei $A(x)$ eine Aussageform, die eine Variable x enthält. Dann kann $A(x)$ auf zwei verschiedene Weisen in eine Aussage überführt (quantifiziert) werden:

- Für alle x gilt: $A(x)$.
- Es gibt ein x, für das gilt: $A(x)$.

Dabei verstehen wir „es gibt ein x“ grundsätzlich als „es gibt mindestens ein x“.

Beispiel 2.3

Prüfen Sie die Aussagen aus Beispiel 2.1, ob sie Quantifizierungen darstellen, und wenn ja, von welcher Aussageform. Formulieren Sie für die Aussageformen aus Beispiel 2.1 Quantifizierungen und bestimmen Sie den Wahrheitswert der dabei entstehenden Aussagen.

Lösung: A beginnt mit „alle“, was auf eine Quantifizierung hindeutet. Genauer kann man dies erkennen, wenn man eine Aussageform definiert:
$A(x)$: Wenn x aus dem Fachbuchverlag Leipzig ist, dann ist x empfehlenswert.
Die Aussage A ist dann äquivalent zu „Für alle Bücher x gilt: $A(x)$“. Man beachte, dass $A(x)$ die Form einer Folgerung hat.
B, D, E sind keine Quantifizierungen.
G ist wiederum eine Quantifizierung. Wir definieren eine Aussageform

$G(x)$: Wenn x durch 4 teilbar ist, ist x gerade.

Dann gilt: $G \iff$ Für alle x gilt: $G(x)$.
F und H sind Aussageformen, die wir nun besser $F(x)$ bzw. $H(x)$ nennen wollen. Es sind folgende Quantifizierungen möglich:

F_1: Für alle $x \in \mathbb{R}$ gilt: $x + 3 = 9$
F_2: Es gibt ein $x \in \mathbb{R}$, für das gilt: $x + 3 = 9$.
H_1: Für alle $x \in \mathbb{R}$ gilt: x ist durch 4 teilbar und gerade.
H_2: Es gibt ein $x \in \mathbb{R}$, für das gilt: x ist durch 4 teilbar und gerade.

F_1 ist falsch, denn es gilt nicht für alle $x \in \mathbb{R}$ $x + 3 = 9$; Beispiel: $x = 0$. F_2

ist wahr, denn für $x = 6$ gilt tatsächlich $x + 3 = 9$. H_1 ist falsch, denn es gilt nicht für alle $x \in \mathbb{R}$, dass x durch 4 teilbar und gerade ist; Beispiel: $x = 3$. H_2 ist wahr, denn beispielsweise $x = 4$ ist durch 4 teilbar und gerade. ∎

Wir haben in obigem Beispiel schon quantifizierte Aussageformen negiert, möglicherweise ohne dass Ihnen das bewusst geworden ist. Wir haben nachgewiesen, dass „Für alle x gilt: $x + 3 = 9$" falsch ist, indem wir nachgewiesen haben, dass die Aussage „Es gibt ein x, für das gilt: $x + 3 \neq 9$" wahr ist (dazu haben wir einfach ein solches x angegeben). Daraus kann man schon allgemein sehen, wie quantifizierte Aussageformen negiert werden.

Negation von quantifizierten Aussageformen

Sei $A(x)$ eine Aussageform, die eine Variable x enthält. Wir definieren zwei Aussagen A_1 und A_2 wie folgt:

A_1: Für alle x gilt: $A(x)$.

A_2: Es gibt ein x, für das gilt: $A(x)$.

Dann lauten die Negationen von A_1 bzw. A_2:

$\neg A_1 \iff$ Es gibt ein x, für das gilt: $\neg A(x)$.

$\neg A_2 \iff$ Für alle x gilt: $\neg A(x)$.

Beispiel 2.4

Bilden Sie die Negationen der im vorigen Beispiel hergeleiteten quantifizierten Aussageformen.

Lösung: Wir gehen konsequent nach dem angegebenen Muster vor: Es ist also „für alle ... gilt" zu ersetzen durch „es gibt ein ..., für das gilt", und umgekehrt, sowie die dahinter stehende Aussageform zu negieren. Damit gilt:
$\neg F_1$: Es gibt ein $x \in \mathbb{R}$, für das gilt: $x + 3 \neq 9$
$\neg F_2$: Für alle $x \in \mathbb{R}$ gilt: $x + 3 \neq 9$.
$\neg H_1$: Es gibt ein $x \in \mathbb{R}$, für das gilt: $\neg$ (x ist durch 4 teilbar und gerade).
$\neg H_2$: Für alle $x \in \mathbb{R}$ gilt: $\neg$ (x ist durch 4 teilbar und gerade).
Die Negationen von H_1 und H_2 erscheinen noch nicht besonders klar formuliert. Wir verwenden daher die De Morgan'schen Regeln:

$\neg$ (x ist durch 4 teilbar und gerade)

$\iff$ x ist nicht durch 4 teilbar oder nicht gerade

$\iff$ x ist nicht durch 4 teilbar oder ungerade.

Damit können wir $\neg H_1$ bzw. $\neg H_2$ einfacher ausdrücken:
$\neg H_1$: Es gibt ein $x \in \mathbb{R}$, für das gilt: x ist nicht durch 4 teilbar oder ungerade.
$\neg H_2$: Für alle $x \in \mathbb{R}$ gilt: x ist nicht durch 4 teilbar oder ungerade. ∎

Aufgabe

2.1 Analysieren Sie die folgenden Aussagen (Zerlegen in Teilaussagen, Verdeutlichen eventueller Quantifizierungen und darin enthaltener Aussageformen). Negieren Sie die Aussagen und vereinfachen Sie die Negation so weit wie möglich.

a) A: Alle Zahlen, deren Quersumme durch 3 teilbar ist, sind durch 3 teilbar.

b) B: Es gibt ein $x \in \mathbb{R}$ mit: x ist gerade und Teiler von 27.

c) C: Alle gut vorbereiteten Studierenden bestehen die Mathematik-Klausur.

2.2 Anordnung von Zahlen

Man kann sich Zahlen der Größe nach geordnet vorstellen. Man schreibt dann kurz $x < y$ (lies „x kleiner y") und $x > y$ (lies „x größer y"). Wer Sorgen hat, die beiden Zeichen $<$ und $>$ zu verwechseln, sollte sich klar machen, dass die Spitze des Zeichens immer zur kleineren Zahl zeigt.
Man kann sich Zahlen auf der **Zahlengeraden** angeordnet vorstellen; die Zahlengerade ist in beiden Richtungen unbegrenzt, siehe Bild 2.1:

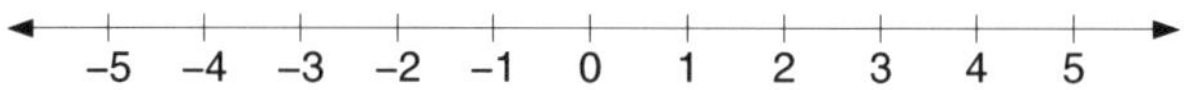

Bild 2.1

Auf der Zahlengeraden ist $x < y$ also gleichbedeutend (äquivalent!) mit „x liegt links von y". Die Vorstellung von Zahlen auf der Zahlengeraden ist in vielen Situationen enorm hilfreich, insbesondere im Zusammenhang mit den Zeichen $<$ und $>$.
(Manchmal, beispielsweise wenn man nur positive Zahlen betrachtet, reicht ein *Zahlenstrahl* zur Veranschaulichung aus. Dieser unterscheidet sich von der Zahlengeraden nur dadurch, dass er nur in einer Richtung unbegrenzt ist.)
Durch die Zeichen $<$, $>$ und $=$ sind alle Zahlen miteinander vergleichbar. Es gilt: Für zwei beliebige Zahlen x, y tritt stets genau einer der drei Fälle $x < y$, $y < x$, $x = y$ ein. Zwei weitere Zeichen haben sich als bequem erwiesen: $x \leq y$, lies „x kleiner gleich y", und $x \geq y$, lies „x größer gleich y". Die formale Definition lautet wie folgt:

$$x \leq y :\Longleftrightarrow \quad x < y \text{ oder } x = y$$
$$x \geq y :\Longleftrightarrow \quad x > y \text{ oder } x = y.$$

In Kapitel 4 werden wir uns damit noch ausführlicher befassen.

2.3 Mengenlehre

Definition

Eine **Menge** ist eine Zusammenfassung unterscheidbarer Objekte. Diese Objekte heißen **Elemente**. Man schreibt bei zwei Mengen A, M:

- $x \in M$, (lies: „x ist Element von M"), $x \notin M$, (lies: „x ist nicht Element von M")
- $A \subset M$, (lies: „A ist Teilmenge von M"), falls für alle $x \in A$ gilt: $x \in M$
- $\emptyset$ ist die **leere Menge**.

Bemerkung: Zwischen Mengen und Aussagen besteht ein natürlicher Zusammenhang, denn man kann Mengen über eine gemeinsame Eigenschaft ihrer Elemente beschreiben und diese Eigenschaft lässt sich mit einer Aussageform beschreiben. Der Prototyp der Beschreibung einer Menge M mit einer Aussageform $A(x)$ sieht folgendermaßen aus:

$$M = \{\, x \mid A(x) \,\}$$

lies: „M ist gleich der Menge aller x, für die gilt: $A(x)$."

Machen Sie sich bitte diese Beschreibungsmöglichkeit in jeder Einzelheit klar, insbesondere welches der Zeichen in dieser Schreibweise wie gelesen wird. Beispielsweise ist $M := \{x \in \mathbb{N} \mid x \,\text{gerade}\}$ nichts anderes als die Menge der geraden Zahlen, also $M = \{2, 4, 6, 8, \ldots\}$.
Ein anderer Weg, Mengen zu beschreiben ist der, die Elemente explizit anzugeben, also einfach die Elemente aufzuzählen. Offensichtlich ist das in eindeutiger Weise nur möglich, wenn es endlich viele Elemente gibt (sonst wäre das Aufschreiben der Elemente recht mühselig...). Außerdem sollten es nicht zu viele sein, damit wir nicht zu viel schreiben müssen. Beispielsweise könnten wir definieren $M := \{x \in \mathbb{N} \mid x < 8 \text{ und } x > 1\}$ und dieselbe Menge auch schreiben als $M = \{2, 3, 4, 5, 6, 7\}$.

Zwei Mengen kann man auf verschiedene Weisen zu einer neuen Menge verknüpfen. Die Zusammenfassung aller Elemente zweier Mengen zu einer ist die *Vereinigungsmenge*, die Menge aller beiden Mengen gemeinsamen Elemente ist die *Schnittmenge*. In der folgenden Definition wird das präzise formuliert, und dabei auf die Verknüpfung von logischen Aussagen zurückgeführt.

Operationen auf Mengen, Mächtigkeit, Kreuzprodukt

Seien A, B, M_1, M_2, M_3 Mengen.

- $A \cap B := \{x \mid x \in A \wedge x \in B\}$ (lies: „A geschnitten B")
- $A \cup B := \{x \mid x \in A \vee x \in B\}$ (lies: „A vereinigt B")
- $A \setminus B := \{x \mid x \in A \wedge x \notin B\}$ (lies: „A ohne B")
- $|A|$ ist die Anzahl der Elemente einer Menge („Mächtigkeit").
- $M_1 \times M_2 := \{(x_1, x_2) \mid x_1 \in M_1, x_2 \in M_2\}$ (lies: „M_1 kreuz M_2" oder „Kreuzprodukt von M_1 und M_2"). Analog $M_1 \times M_2 \times M_3$ usw. Für $M_1 \times M_1$ schreibt man auch kurz M_1^2. Analog $M_1^3, M_1^4, \ldots$
- Falls $|M_1|, |M_2| \neq \infty$, gilt:
  $|M_1 \times M_2| = |M_1| \cdot |M_2|$.

Das Kreuzprodukt kommt relativ häufig in der Form $\mathbb{R}^2$ vor. Nach Definition ist $\mathbb{R}^2 = \{(x_1, x_2) \mid x_1, x_2 \in \mathbb{R}\}$, also die Menge aller Zahlenpaare, wobei beide Komponenten des Zahlenpaares reelle Zahlen sind. Die Formel für die Mächtigkeit eines Kreuzprodukts von zwei endlichen Mengen sieht man sofort an einem Beispiel ein:
Seien $M_1 := \{a, b, c\}$ und $M_2 := \{1, 2\}$. Dann ist

$$M_1 \times M_2 = \{(a, 1), (a, 2), (b, 1), (b, 2), (c, 1), (c, 2)\}.$$

Jedes Element der einen Menge muss also mit jedem Element der anderen Menge in ein Paar eingebunden werden; dazu gibt es $|M_1| \cdot |M_2|$ Möglichkeiten. Die Reihenfolge der Komponenten in einem Paar ist nicht beliebig, es ist $(a, 1) \neq (1, a)$ – auch bei einem Paar Schuhe ist es nicht gleichgültig, welcher der linke und welcher der rechte ist. Daher ist in der Regel auch $M_1 \times M_2 \neq M_2 \times M_1$. Es gilt $M_1 \times M_2 = M_2 \times M_1$ genau dann, wenn $M_1 = M_2$.

Aufgaben

2.2 Seien A und M Mengen. Wann gilt $A \not\subseteq M$? (Aussagenlogik!)

2.3 Geben Sie die folgenden Mengen explizit an.

$A = \{x \mid x^2 - 3x + 2 = 0\}$

$B = \{x \mid x$ ist ein Buchstabe aus dem Wort „Leipzig"$\}$

$C = \{x \mid x^2 = 9$ und $x^3 = 27\}$

$D = \{x \mid x^2 = 9$ und $x - 3 = 6\}$

2.4 Gegeben sind die Mengen
$A = \{1, 2, 3, 4, 5, 6, 7, 8, 9\}$
$B = \{n \in \mathbb{N} \mid n \leq 4\}$
$C = \{n \in \mathbb{N} \mid n \text{ gerade}\}$
$D = \{m \in \mathbb{N} \mid m \text{ ist ungerade und } m \leq 11\}$
Bestimmen Sie $A \cup B$, $A \setminus B$, $B \setminus A$, $C \cap D$, $A \cap C$, $A \cap D$, $C \setminus D$, $D \setminus C$.

Zum Abschluss dieses Kapitels werfen wir noch einen Blick auf diejenigen Mengen, denen ein Studienanfänger am häufigsten begegnen wird, auch im weiteren Verlauf dieses Buchs.

Intervalle

$[a, b] := \{x \in \mathbb{R} \mid a \leq x \leq b\}$ „abgeschlossenes Intervall von a bis b"
$(a, b) := \{x \in \mathbb{R} \mid a < x < b\}$ „offenes Intervall von a bis b"

Es gibt noch die halboffenen Intervalle

$$(a, b] := \{x \in \mathbb{R} \mid a < x \leq b\} \quad \text{und} \quad [a, b) := \{x \in \mathbb{R} \mid a \leq x < b\}.$$

Bemerkungen:
1. Anschaulich ist ein Intervall ein zusammenhängender Abschnitt der Zahlengeraden.
2. Achtung: Von der Schreibweise her ist ein offenes Intervall (a, b) nicht von einem 2-Tupel reeller Zahlen (a, b) zu unterscheiden. Was gemeint ist, geht jeweils aus dem Zusammenhang hervor. Intervalle sind Mengen von Zahlen, 2-Tupel sind Elemente aus dem Kreuzprodukt $\mathbb{R} \times \mathbb{R} = \mathbb{R}^2$.
3. Intervalle können auch auf einer oder beiden Seiten unbegrenzt sein. Dazu verwendet man die Symbole ∞ und $-\infty$, „unendlich" bzw. „minus unendlich". Achtung: ∞ und $-\infty$ sind keine Zahlen, mit denen man in herkömmlicher Weise rechnen kann, insbesondere ist $\infty, -\infty \notin \mathbb{R}$. Die Intervalle sehen dann so aus:

$$[a, \infty) := \{x \in \mathbb{R} \mid a \leq x\}, \qquad (-\infty, b] := \{x \in \mathbb{R} \mid x \leq b\}$$
$$(a, \infty) := \{x \in \mathbb{R} \mid a < x\}, \qquad (-\infty, b) := \{x \in \mathbb{R} \mid x < b\}$$

Natürlich können die Intervalle an den Seiten, an denen ∞ oder $-\infty$ steht, nur offen sein (runde Klammer!), denn es handelt sich ja bei diesen Grenzen nicht um Zahlen.

Wahr oder falsch?

2.5 Die Negation einer „und“-Aussage ist stets eine „oder“-Aussage.

2.6 $4 \leq 5$ ist eine falsche Aussage, denn 4 kann ja nicht gleich 5 sein.

2.7 Die Schnittmenge zweier Intervalle ist, sofern sie nicht leer ist, stets ein Intervall.

2.8 Die Vereinigung zweier Intervalle ist stets ein Intervall.

Zusammenfassung

In diesem Kapitel haben wir

- mit Aussagen und Aussageformen kennen gelernt,
- diese auf verschiedene Weisen verknüpft,
- die nötige Aufmerksamkeit dem Unterschied zwischen Folgerung und Äquivalenz gewidmet,
- das Umschalten zwischen sprachlichen Formulierungen und formaler logischer Schreibweise geübt,
- die Zahlengerade als Veranschaulichung von Größenverhältnissen von Zahlen kennen gelernt,
- Mengen explizit und über Eigenschaften ihrer Elemente beschrieben,
- Intervalle als Abschnitte auf der Zahlengeraden veranschaulicht.

3 Funktionen

3.1 Grundlegendes

In allen quantitativen Disziplinen – man kann auch sagen, überall dort wo mit Zahlen gearbeitet wird – spielen Zuordnungen eine Rolle. Dabei werden Zahlen andere Zahlen zugeordnet, beispielsweise werden in einem Warenlager Bestellnummern Verkaufspreise zugeordnet. Dabei erwartet man, dass einem Artikel mit einer Bestellnummer genau ein Verkaufspreis zugeordnet ist (und nicht zwei verschiedene Verkaufspreise). Andererseits können durchaus zwei verschiedene Artikel (mit verschiedenen Bestellnummern) den gleichen Verkaufspreis haben. Eine genaue Definition der Zuordnung liefert der Begriff der „Funktion“. Bevor wir uns diese Definition anschauen, machen wir uns noch klar, dass es keinen Grund gibt, nur Zuordnungen von Zahlen auf Zahlen zu betrachten. In obigem Beispiel könnte man auch direkt den Artikel auf den Verkaufspreis zuordnen, also ohne Verwendung einer Bestellnummer. Man erkennt sofort, dass dies eine schwammige Zuordnung ist – was genau ist denn ein Artikel und was ist keiner? Das eben ist der Grund, warum man früher oder später zu der Einsicht kommt, dass mit Bestellnummern, also Zahlen, alles einfacher ist, weil die Zuordnungen präzise erfassbar werden.
In vielen Fällen können Zuordnungen auch zwischen anderen Objekten als Zahlen präzise festgelegt werden. Beispielsweise kann man einer Ware ihre Farbe zuordnen, wobei eine bestimmte Menge von Farben (in der Praxis sind es nur endlich viele Farben) in Frage kommt. Offensichtlich geht das aber nur gut, wenn diese Waren einfarbig sind.
Schauen wir uns nun die präzise Beschreibung von Zuordnungen an:

Definition

Eine **Funktion** $f : X \longrightarrow Y$ (auch **Abbildung** genannt) ordnet jedem Element $x \in X$ genau ein Element $y \in Y$ zu. Die Menge X heißt dabei **Definitionsbereich**, Y heißt **Wertebereich**. Die wirklich getroffenen Bildpunkte bezeichnet man als **Bildmenge** von f und schreibt:
$f(X) := \{\, f(x) \mid x \in X\} = \{\, y \in Y \mid \text{es gibt ein } x \in X \text{ mit } f(x) = y\}$.
Auf einzelne Elemente bezogen schreibt man auch $f : x \mapsto f(x)$ und bezeichnet dabei x als die **Variable** (Veränderliche) und $f(x)$ als den **Funktionswert an der Stelle x**.

Bemerkung: Wie der Name schon sagt, bildet eine Abbildung f ab. f erstellt ein Bild $f(x)$ von einem Original (auch Urbild genannt) x.

Veranschaulichen kann man sich Funktionen, indem man Definitionsbereich X und Wertebereich Y symbolisch zeichnet und von den Elementen von X Pfeile auf die jeweils zugeordneten Elemente von Y zeichnet. Man erkennt aus einem solchen Pfeildiagramm leicht, ob es sich bei der Zuordnung wirklich um eine Funktion handelt. Außerdem sieht man sofort, welche Elemente von Y von Pfeilen getroffen werden und somit in der Bildmenge liegen. Der Unterschied von Wertebereich und Bildmenge wird damit sofort deutlich.

Beispiel 3.1

Prüfen Sie in den folgenden beiden Fällen, ob es sich um eine Funktion handelt. Wenn ja, bestimmen Sie Definitions- und Wertebereich sowie die Bildmenge.

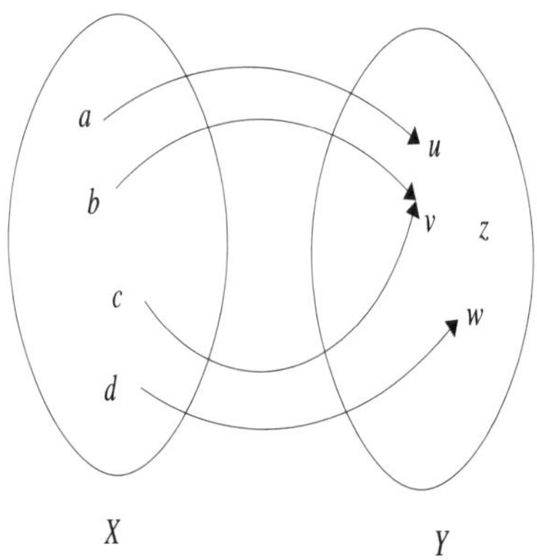

Bild 3.1 Eine Funktion

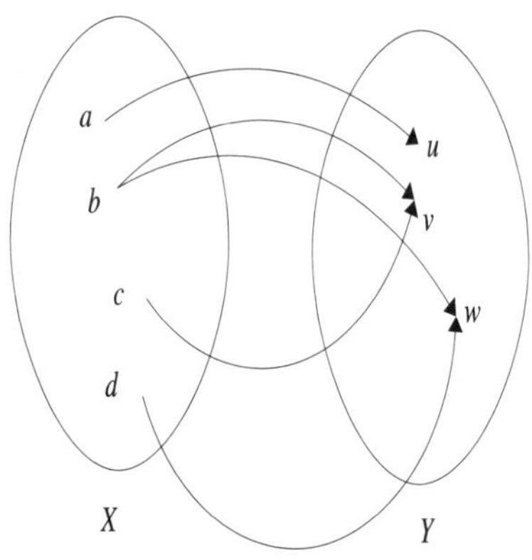

Bild 3.2 Noch eine Funktion?

Lösung: In Bild 3.1 erkennen wir eine Funktion, denn von jedem Element des Definitionsbereichs X geht nur genau ein Pfeil aus. Dies ist in Bild 3.2 nicht der Fall – von b gehen zwei verschiedene Pfeile aus. In diesem Fall liegt also keine Funktion vor. Zu Bild 3.1: Der Definitionsbereich ist $X = \{a, b, c, d\}$; der Wertebereich ist $Y = \{u, v, w, z\}$. Wirklich getroffen werden die Punkte, die an einem Pfeilende liegen; die Bildmenge ist also $f(X) = \{u, v, w\}$. ■

Bemerkungen: Es ist sehr hilfreich für das Verständnis, wenn man sich gleich zu Beginn angewöhnt, zwischen f, der Funktion, und $f(x)$, einem Funktionswert, zu unterscheiden. f ist eine Abbildung, kann als eine Abbildungsvorschrift angesehen werden. $f(x)$ ist der Wert, den die Funktion f an der Stelle x annimmt. Bei $f(x)$ handelt es sich in unserem Fall (meist) um Zahlen; f dagegen ist keine Zahl, sondern eine Zuordnung, was etwas ganz anderes ist. In vielen Anwendungen werden später „Systeme" betrachtet; dabei handelt es sich mathematisch um Abbildungen, die Funktionen auf andere Funktionen abbilden. Die Elemente von Definitions- und Wertebereich sind dann keine Zahlen mehr, sondern selbst wieder Funktionen (die man beispielsweise in der Elektrotechnik „Signale" nennt). Es liegt auf der Hand, dass dann leicht Verwirrung entsteht, wenn man den Unterschied zwischen Funktion und Funktionswert nicht konsequent beachtet. In der Literatur wird mit diesem Unterschied nicht immer vorbildlich umgegangen; damit kann man leben, wenn man den Unterschied verstanden und verinnerlicht hat.

Beispiel 3.2

Vergleichen Sie die Funktionen $f : x \mapsto x - 1$ und $g : x \mapsto \dfrac{x^2 - 1}{x + 1}$. Was haben sie gemeinsam und worin unterscheiden sie sich?

Lösung: Bei der Betrachtung des Ausdrucks $g(x)$ springt einem unweigerlich die dritte binomische Formel ins Auge: Daher ist $g(x) = x - 1$. Also sind die beiden Funktionen gleich. Fertig, oder nicht? Nein – was gleich ist, sind die Ausdrücke $f(x)$ und $g(x)$, aber nicht die Funktionen! Der Definitionsbereich von f ist $D_f = \mathbb{R}$, der von g dagegen $D_g = \mathbb{R} \setminus \{-1\}$. Die Ausdrücke $f(x)$ und $g(x)$ können daher nur dort gleich sein, wo beide Ausdrücke definiert sind; es gilt also nur $f(x) = g(x)$ für alle $x \neq -1$. Würde man für f und g Pfeildiagramme zeichnen (wie in Bild 3.1), so hätte das Diagramm von g einen Pfeil weniger als das von f. Die Funktions*werte* sind also für alle x, die in beiden Definitionsbereichen liegen, gleich, nicht aber die *Funktionen*. ■

Bei Funktionen, die Zahlen auf Zahlen abbilden, sind Veranschaulichungen wie Bild 3.1 unpraktisch. Der Definitionsbereich vieler Funktionen hat unendlich viele Elemente – da hätte man viele Pfeile zu zeichnen (wie viele eigentlich?). Viel einfacher – und nicht weniger anschaulich – ist die Darstellung der Zuordnung in einem x-y-Koordinatensystem: Man zeichnet für jedes $x \in X$ in der x-y-Ebene den Punkt $(x, f(x))$ ein. Man erhält so den „Graphen der Funktion f", formal

$$\mathrm{Graph}(f) := \{(x, f(x)) \mid x \in X\}.$$

Natürlich enthält ein Graph unendlich viele Elemente, wir können ihn daher auch nicht vollständig zeichnen. Jedoch ist die Übersicht, die man damit von einer Funktion gewinnt, ungleich größer als die von einem entsprechenden Pfeildiagramm.

Beispiel 3.3

Zeichnen Sie den Graphen der Funktion $f : \mathbb{R} \longrightarrow \mathbb{R}$, gegeben durch $f : x \mapsto x^2$. Lesen Sie daraus die Bildmenge von f ab.

Lösung: Wir rechnen einige Punkte des Graphen aus: Da $2^2 = 4$ ist, ist $(2,\ 4)$ ein Punkt des Graphen, ebenso $(3,\ 9)$ und $(1,\ 1)$. Natürlich vergessen wir nicht die negativen x-Werte: $(-2,\ 4)$, $(-3,\ 9)$ und $(-1,\ 1)$ gehören auch zum Graphen. Insgesamt ergibt sich Bild 3.3. Aus dem Graphen erkennen wir, dass unterhalb der x-Achse keine Bildpunkte von f liegen, und oberhalb der x-Achse jeder y-Wert als Bildwert angenommen wird. Daher ist die Bildmenge $f(\mathbb{R}) = \mathbb{R}_+$. ■

Beispiel 3.4

Zeichnen Sie den Graphen der Funktion $f : x \mapsto \dfrac{1}{x}$ und bestimmen Sie Definitionsbereich und Bildmenge.

Lösung: $f(x)$ ist definiert für alle $x \in \mathbb{R}$ außer $x = 0$. Der Definitionsbereich ist daher $\mathbb{R} \setminus \{0\}$. Der Graph von f ist in Bild 3.4 wiedergegeben. Er ist ein Beispiel einer Hyperbel; Näheres dazu in Abschnitt 5.3. Aus dem Graphen erkennen wir, dass jeder y-Wert außer $y = 0$ als Bildwert angenommen wird. Daher ist die Bildmenge $f(\mathbb{R} \setminus \{0\}) = \mathbb{R} \setminus \{0\}$. ■

Beispiel 3.5

Bestimmen Sie für die Funktion f, gegeben durch $f(n,\ m) := \dfrac{n}{m}$, Definitionsbereich und Bildmenge. Hierbei sind $n,\ m \in \mathbb{N}$.

Lösung: Definitionsbereich ist offensichtlich $\mathbb{N} \times \mathbb{N}$, als Funktionswerte treten alle positiven Brüche auf, die Bildmenge ist also $f(\mathbb{N} \times \mathbb{N}) = \mathbb{Q}_+ \setminus \{0\}$. ■

Bisher haben wir Funktionen durch einen Ausdruck dargestellt, der abhängig von einer Variablen ist. Es gibt auch die Möglichkeit der Definition durch eine Fallunterscheidung. Ein elementares, aber sehr häufig vorkommendes Beispiel ist die Betragsfunktion.

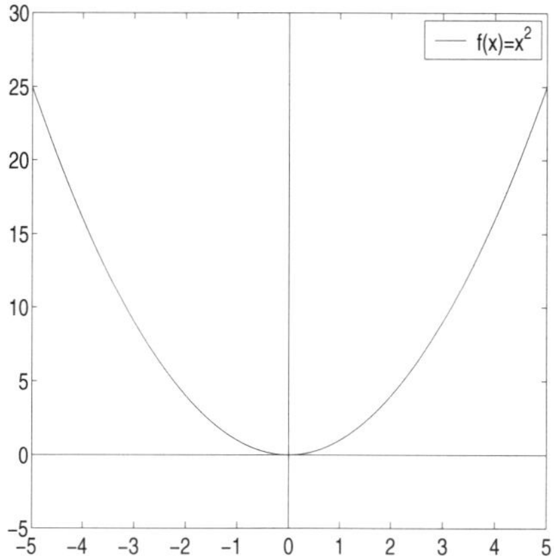

Bild 3.3

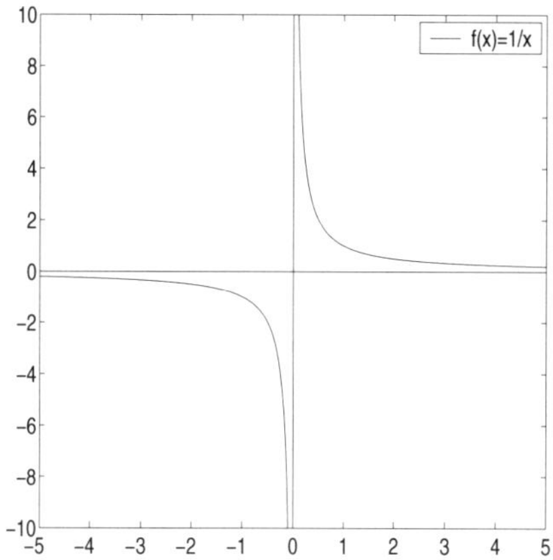

Bild 3.4

Die Betragsfunktion

Für alle $x \in \mathbb{R}$ ist die **Betragsfunktion** $f : x \mapsto |x|$ definiert als

$$|x| := \begin{cases} x & \text{falls } x \geq 0 \\ -x & \text{falls } x < 0 \end{cases}$$

Man liest $|x|$ als „x Betrag" oder auch als „Betrag von x". Anstelle von „Betrag" spricht man auch von „Absolutbetrag".

Bemerkung: Es gilt also stets $|x| \geq 0$. Weitere Eigenschaften der Betragsfunktion werden wir in Kapitel 4 kennen lernen. In Bild 3.5 sehen wir den Graphen der Betragsfunktion.

Beispiel 3.6

Bestimmen Sie für die Betragsfunktion Definitionsbereich und Bildmenge.

Lösung: $|x|$ ist für alle $x \in \mathbb{R}$ definiert, also ist der Definitionsbereich $\mathbb{R}$. Da $|x| \geq 0$ für alle $x \in \mathbb{R}$, gilt für die Bildmenge auf jeden Fall $f(\mathbb{R}) \subseteq \mathbb{R}_+$. Da aber für $x \geq 0$ stets $|x| = x$ gilt, wird auch jedes $y \geq 0$ als Funktionswert angenommen. Es ist also $f(\mathbb{R}) = \mathbb{R}_+$. ∎

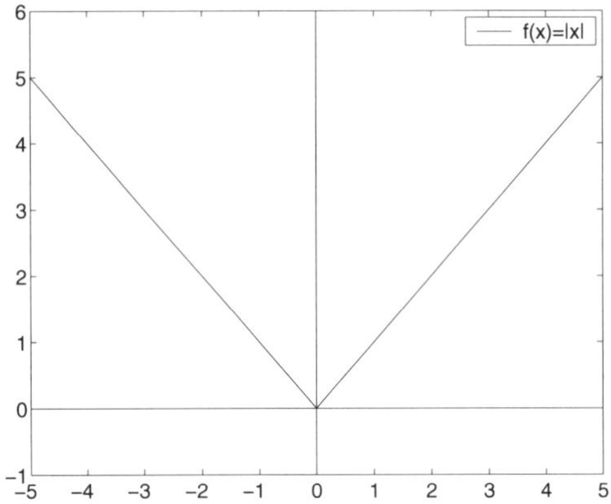

Bild 3.5

3.2 Umkehrbarkeit und Monotonie

Funktionen ordnen also jedem x-Wert des Definitionsbereichs genau einen y-Wert zu. Dabei kann aber ein y-Wert durchaus von mehreren verschiedenen x-Werten getroffen werden, wie wir sofort in Bild 3.1 erkennen: Dort ist $f(b) = f(c) = v$, aber $b \neq c$. Wenn wir in Bild 3.1 alle Pfeile umkehren würden, was also die Rollen von Definitions- und Wertebereich vertauscht, erhielten wir keine Funktion mehr, denn von v gingen ja zwei verschiedene Pfeile aus. Die Pfeile, d. h. die zugrunde liegenden Zuordnungen, sind also nicht umkehrbar, ohne die Funktionseigenschaft zu verletzen. Man nennt Funktionen, bei denen die Umkehrung der Zuordnungen wieder eine Funktion liefert, umkehrbare Funktionen. Bild 3.1 stellt also keine umkehrbare Funktion dar. Wenn wir aber in Bild 3.1 einen der beiden kritischen x-Werte b und c und den dazu gehörigen Pfeil streichen, gäbe es kein Problem mehr mit der Umkehrbarkeit. Dies ist eine typische Situation – oft muss der Definitionsbereich eingeschränkt werden, um Umkehrbarkeit zu gewährleisten. Damit sind wir bereit für eine präzise Definition der Umkehrbarkeit.

Definition

Sei $f : X \longrightarrow f(X)$ und $M \subseteq X$. f heißt **umkehrbar** auf M, wenn jedes $y \in f(M)$ nur genau einmal getroffen wird, d. h.

$$\text{für alle } x_1, x_2 \in M \text{ gilt:} \quad f(x_1) = f(x_2) \Longrightarrow x_1 = x_2.$$

Die Abbildung, die jedem Bildpunkt $f(x)$ das in dieser Situation eindeutige x zuordnet, heißt **Umkehrfunktion** $f^{-1} : f(M) \longrightarrow M$.

Bemerkungen:
1. Bei der Umkehrfunktion sind also, verglichen mit der ursprünglichen Funktion, gerade Definitionsbereich und Bildmenge vertauscht:

$$f : M \longrightarrow f(M) \iff f^{-1} : f(M) \longrightarrow M.$$

Der Definitionsbereich von f^{-1} ist also die Bildmenge von f und die Bildmenge von f^{-1} ist der Definitionsbereich von f.

2. Die Notation f^{-1} für die Umkehrfunktion erinnert an $\frac{1}{f}$, obwohl die beiden Objekte gar nichts miteinander zu tun haben. Es handelt sich hier um eine nicht ganz glückliche Konvention, mit der wir leider leben müssen. Merken Sie sich also bitte:

Bitte die Umkehrfunktion f^{-1} nicht mit dem Kehrwert der Funktion f, also mit $\frac{1}{f}$ verwechseln!

Beispiel 3.7

Prüfen Sie die Funktionen aus den Beispielen 3.3 bis 3.6 auf Umkehrbarkeit. Falls keine Umkehrbarkeit vorliegt, schränken Sie den Definitionsbereich so ein, dass die Funktion umkehrbar wird und bestimmen Sie die Umkehrfunktion.

Lösung:
Zu Beispiel 3.3, $f(x) = x^2$: Aus Bild 3.3 erkennen wir, dass – mit Ausnahme von 0 – alle Elemente der Bildmenge gleich zweimal als Bild angenommen werden. Natürlich liegt das daran, dass $x^2 = (-x)^2$ für alle $x \in \mathbb{R}$ gilt. Auf dem Definitionsbereich $\mathbb{R}$ ist f also nicht umkehrbar. Schränken wir den Definitionsbereich aber so ein, dass mit x nicht auch die Gegenzahl $-x$ enthalten ist, so wird jeder Bildwert nur einmal getroffen. Beispielsweise können wir f nur auf $\mathbb{R}_+$ betrachten. $f : \mathbb{R}_+ \longrightarrow \mathbb{R}_+$ ist dann umkehrbar. Die dazugehörige Umkehrfunktion bezeichnet man als Wurzelfunktion und schreibt $f^{-1}(x) = \sqrt{x}$. Sie hat also die Eigenschaft: $\sqrt{x}$ ist diejenige Zahl in $\mathbb{R}_+$, deren Funktionswert x ist, d. h. deren Quadrat x ist. Beispielsweise ist also $\sqrt{4} = 2$ und $\sqrt{9} = 3$. Wir kommen darauf in Abschnitt 3.5 noch genauer zu sprechen.

Zu Beispiel 3.4, $f(x) = \frac{1}{x}$: Aus Bild 3.4 erkennen wir, dass jeder Wert, der als Funktionswert angenommen wird, genau einmal angenommen wird. f ist also auf dem ganzen Definitionsbereich $\mathbb{R} \setminus \{0\}$ uneingeschränkt umkehrbar. Die

Umkehrfunktion von f ist wieder f selbst; es ist also $f^{-1}(x) = f(x)$, denn der Kehrwert des Kehrwerts einer Zahl ist wieder die ursprüngliche Zahl.
Zu Beispiel 3.5, $f(n, m) = \dfrac{n}{m}$: Diese Funktion ist auf $\mathbb{N} \times \mathbb{N}$ nicht umkehrbar, denn durch Erweitern kann mit immer neuen Zählern und Nennern derselbe Bruch dargestellt werden. Es gilt $f(n, m) = \frac{n}{m} = \frac{2n}{2m} = f(2n, 2m)$. Man kann anstelle der 2 auch jede andere natürliche Zahl dafür verwenden – hier wird also jeder Bildwert, also jeder Bruch, gleich unendlich oft als Bildwert getroffen. Eine eindeutige Darstellung erhalten wir nur, wenn wir verlangen, dass Zähler und Nenner des Bruches teilerfremd sind. In diesem Fall kann also nicht weiter gekürzt werden. Wenn wir f auf dem eingeschränkten Definitionsbereich $\{ (n, m) \in \mathbb{N} \times \mathbb{N} \mid n, m \text{ teilerfremd}\}$ betrachten, liegt Umkehrbarkeit vor. Die Umkehrfunktion liefert dann zu jedem Bruch das Paar teilerfremder natürlicher Zahlen, das Zähler und Nenner des Bruches darstellt.
Zu Beispiel 3.6, $f(x) = |x|$: Hier ist die Situation ähnlich wie in Beispiel 3.3. Auch hier werden – mit Ausnahme von 0 – alle Elemente der Bildmenge gleich zweimal als Bild angenommen. Natürlich liegt das daran, dass $|x| = |-x|$ für alle $x \in \mathbb{R}$ gilt. Wenn wir f nur auf $\mathbb{R}_+$ betrachten, wird $f : \mathbb{R}_+ \longrightarrow \mathbb{R}_+$ umkehrbar. Für $x \in \mathbb{R}_+$ gilt aber $|x| = x$; die Werte werden durch die Funktion nicht verändert. Daher ist auf $\mathbb{R}_+$ die Funktion gleich ihrer Umkehrfunktion, also $f = f^{-1}$. ■

Aufgaben

3.1 Wann heißt eine Funktion f nicht umkehrbar? (Aussagenlogik!)

3.2 Untersuchen Sie die folgenden Funktionen auf Umkehrbarkeit. Bestimmen Sie auch die Bildmenge.

a) $f_1(x) := x + 3$ b) $f_2(x) := x^2 + 3$ c) $f_3(x) := (x + 3)^2$

3.3 In Beispiel 3.7 haben wir gesehen, wie wir zu $f(x) = x^2$ eine Umkehrfunktion, in diesem Fall $f^{-1}(x) = \sqrt{x}$, finden können. Finden Sie eine weitere Umkehrfunktion zu $f(x) = x^2$.

Bemerkungen:
1. Wendet man auf ein x zuerst eine umkehrbare Funktion f an und danach f^{-1}, so erhält man wieder x, denn es gilt: $x \overset{f}{\longmapsto} y = f(x) \overset{f^{-1}}{\longmapsto} x$. Also $(f^{-1}(f(x)) = x$. Ebenso: $f(f^{-1}(y)) = y$.
2. Wir hatten Funktionen über ihre Graphen veranschaulicht, wir erinnern uns an $\text{Graph}(f) := \{(x, f(x)) \mid x \in X\}$. Da die Umkehrfunktion f^{-1} gerade

die Rollen von x und $f(x)$ vertauscht (es gilt ja $f^{-1} : f(x) \mapsto x$), gilt:

$$\text{Graph}(f^{-1}) := \{(y, f^{-1}(y)) \mid y \in f(X)\} = \{(f(x), x) \mid x \in X\}.$$

Wir erkennen also: $(x, y) \in \text{Graph}(f) \iff (y, x) \in \text{Graph}(f^{-1})$.
Man erhält also den Graphen von f^{-1} aus dem Graphen von f, indem man einfach bei allen Punkten die x-Koordinate mit der y-Koordinate vertauscht. Geometrisch bedeutet das, dass der Graph von f^{-1} aus dem Graphen von f durch Spiegelung an der Geraden $y = x$ (die Gerade besteht also aus den Punkten, die gleiche x- und y-Koordinaten aufweisen) entsteht. Im Fall von $f(x) = x^2$ und $f^{-1}(x) = \sqrt{x}$ (siehe Beispiel 3.7) erhält man Bild 3.6.

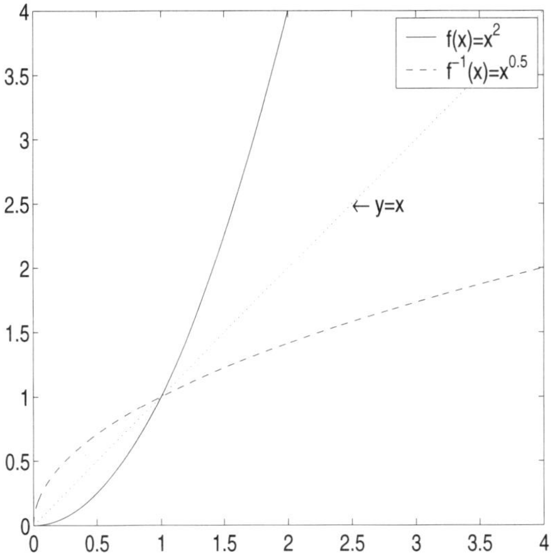

Bild 3.6

3. Man kann leicht am Graphen einer Funktion erkennen, ob sie umkehrbar ist: Dies ist genau dann der Fall, wenn jede Parallele zur x-Achse den Graphen nur höchstens einmal schneidet. Durch das unter 2. geschilderte Spiegeln des Graphen an der Geraden $y = x$ entsteht dann eine Kurve, die von jeder Parallele zur y-Achse nur höchstens einmal geschnitten wird. Dies ist das Merkmal einer Funktion: Jedem x-Wert wird höchstens ein $f(x)$ zugeordnet.
4. Eine Funktion, deren Graph über dem gesamten Definitionsbereich mit wachsenden x-Werten ansteigt, ist nach Bemerkung 3 umkehrbar. Diese Eigenschaft werden wir nun präzise definieren.

Definition

Eine Funktion f heißt **streng monoton steigend**, wenn für alle x, y gilt

$$x < y \Longrightarrow f(x) < f(y).$$

f heißt **monoton steigend**, wenn für alle x, y gilt

$$x < y \Longrightarrow f(x) \leq f(y).$$

f heißt **streng monoton fallend** wenn für alle x, y gilt

$$x < y \Longrightarrow f(x) > f(y).$$

f heißt **monoton fallend**, wenn für alle x, y gilt

$$x < y \Longrightarrow f(x) \geq f(y).$$

Aufgabe

3.4 Wann ist eine Funktion f nicht streng monoton steigend? (Aussagenlogik)

Satz

Funktionen, die auf einem Definitionsbereich streng monoton steigend oder streng monoton fallend sind, sind auf diesem Definitionsbereich umkehrbar. Die zugehörigen Umkehrfunktionen sind auf ihrem Definitionsbereich auch wieder streng monoton steigend bzw. fallend.

Bemerkungen:

1. Dass aus der strengen Monotonie die Umkehrbarkeit folgt, sieht man wie folgt ein: Wäre eine streng monotone Funktion f nicht umkehrbar, so müsste ja ein Bildwert mehr als einmal getroffen werden. Es gäbe also $x \neq y$ mit $f(x) = f(y)$. Aufgrund der strengen Monotonie würde aber $f(x) > f(y)$ oder $f(x) < f(y)$ gelten, was einen Widerspruch darstellt. Dass auch die Umkehrfunktion einer streng monotonen Funktion die gleiche strenge Monotonie aufweist, kann man sich leicht auf die gleiche Weise überlegen.
2. Ein Beispiel sehen wir in Bild 3.6: $f : x \mapsto x^2$ ist auf $\mathbb{R}_+$ streng monoton steigend (aber nicht auf ganz $\mathbb{R}$!), also auch umkehrbar. Die Umkehrfunktion ist, wie nach obigem Satz zu erwarten, auch streng monoton steigend.

3. In Bild 3.4 sehen wir dagegen eine Funktion, nämlich $f(x) = x^{-1}$, die zwar nicht auf dem ganzen Definitionsbereich $\mathbb{R} \setminus \{0\}$ streng monoton, aber trotzdem umkehrbar ist. Für $x_1 = -2$, $x_2 = -1$, $x_3 = 1$ gilt: $f(x_1) > f(x_2)$, aber auch $f(x_2) < f(x_3)$, was beiden Varianten der strengen Monotonie zuwider läuft. Hintergrund ist natürlich, dass der Definitionsbereich $\mathbb{R} \setminus \{0\}$ in zwei Teile zerfällt: $\mathbb{R} \setminus \{0\} = \{x \in \mathbb{R} \mid x < 0\} \cup \mathbb{R}_+ \setminus \{0\}$. Auf jedem der beiden Teile ist f streng monoton.
4. Wir werden an dieser Stelle nicht weiter auf Monotonie eingehen. Wir halten fest, dass strenge Monotonie ein einfaches Kriterium für Umkehrbarkeit ist. Monotonie spielt weiterhin eine entscheidende Rolle beim Arbeiten mit Ungleichungen; wir kommen darauf in Kapitel 4 noch zurück.

3.3 Komposition von Abbildungen

Betrachten wir einmal die Funktionen f_2 und f_3 aus Aufgabe 3.2: Schreibt man diese beiden Funktionen in der Form $f_2(x) = 3+x^2$ und $f_3(x) = (3+x)^2$, so würde man keinen Unterschied sehen, wenn die Klammern in f_3 einfach weggelassen würden. Natürlich haben Sie beim Lösen von Aufgabe 3.2 festgestellt, dass es sich um verschiedene Funktionen handelt und aus Kapitel 1 wissen Sie, dass man Klammern in der Regel nicht schadlos streichen kann – sie dienen dazu, die Reihenfolge von Operationen festzulegen. Demnach können sich f_2 und f_3 nur in der Reihenfolge der Operationen unterscheiden. Tatsächlich wird in f_2 zuerst das x quadriert und dann 3 addiert, und in f_3 zuerst 3 addiert und dann quadriert. Offensichtlich setzen sich beide Funktionen f_2 und f_3 jeweils aus einfacheren Funktionen zusammen, nämlich dem Quadrieren und dem Addieren von 3, die hintereinander ausgeführt werden, aber in unterschiedlicher Reihenfolge. Dieses Hintereinanderausführen von Funktionen nennt man Komposition.

Satz: Komposition von Abbildungen und ihre Umkehrbarkeit

Seien $f : X \longrightarrow Y$, $g : Y \longrightarrow Z$ zwei Funktionen, so ist die Komposition $g \circ f : X \longrightarrow Z$ definiert als $(g \circ f)(x) := g(f(x))$ für alle $x \in X$.
Es gilt: Sind f und g umkehrbar, so ist auch $g \circ f$ umkehrbar und es gilt

$$(g \circ f)^{-1} = f^{-1} \circ g^{-1}.$$

Bemerkungen:
1. Man beachte, dass wie immer die innere Klammer zuerst ausgewertet wird: $g \circ f$ bedeutet also, dass die Funktion f in die Funktion g eingesetzt wird.
2. Man beachte die Änderung der Reihenfolge beim Umkehren. Dass dies so sein muss, wird sofort klar, wenn man an das An- und Ausziehen von Schuhen und Strümpfen denkt. Zieht man zuerst die Strümpfe an, und anschließend die Schuhe, so ist die Umkehrung: erst die Schuhe ausziehen, danach die Strümpfe. Zur Verdeutlichung sei empfohlen, in einem praktischen Versuch zu prüfen, ob das Ausziehen auch umgekehrt ginge.

Beispiel 3.8

Zerlegen Sie die Funktionen f_2 und f_3 in Teilfunktionen f und g, so dass f_2 und f_3 Kompositionen von f und g sind. Prüfen Sie mittels dieser Zerlegung auf Umkehrbarkeit.

Lösung: Mit $f,\, g : \mathbb{R} \longrightarrow \mathbb{R}$ definiert durch $f(x) := x+3$ und $g(x) := x^2$ gilt: $(f \circ g)(x) = x^2 + 3 = f_2(x)$ und $(g \circ f)(x) = (x+3)^2 = f_3(x)$. Insbesondere ist natürlich $f \circ g \neq g \circ f$. Für die Umkehrfunktionen gilt: f ist umkehrbar auf $\mathbb{R}$, g ist umkehrbar auf $\mathbb{R}_+$, also $f^{-1} : \mathbb{R} \longrightarrow \mathbb{R}$, $g^{-1} : \mathbb{R}_+ \longrightarrow \mathbb{R}_+$ und es gilt: $f_2^{-1}(y) = (f \circ g)^{-1}(y) = (g^{-1} \circ f^{-1})(y) = \sqrt{y-3}$ für alle $y \geq 3$ und $f_3^{-1}(y) = (g \circ f)^{-1}(y) = (f^{-1} \circ g^{-1})(y) = \sqrt{y} - 3$ für alle $y \geq 0$. ■

Bemerkungen:
1. Bei der Hintereinanderausführung dreier Funktionen f_1, f_2, f_3 gilt: $(f_1 \circ f_2) \circ f_3 = f_1 \circ (f_2 \circ f_3) = f_1 \circ f_2 \circ f_3$. Man kann dabei also die Klammern weglassen – aber bitte nicht die Reihenfolge vertauschen!
2. Sie sollten – spätestens nach etwas Übung – unbedingt in der Lage sein, einer Funktion anzusehen, welche Operationen darin vorkommen und in welcher Reihenfolge. Nur so können Sie sicher und richtig Funktionswerte ausrechnen und die Funktion in einer Programmiersprache formulieren. Die Genauigkeit, mit der ein Computer einen Funktionswert ausrechnet, hängt auch von der Reihenfolge der Operationen ab; Näheres dazu in [3].

Aufgaben

3.5 Gegeben sei eine Funktion $f := f_1 \circ f_2 \circ f_3$. Leiten Sie eine Formel für die Umkehrfunktion von f her, falls f_1, f_2, und f_3 umkehrbar sind.

3.6 Identifizieren Sie in den folgenden Funktionen die Grundfunktionen, aus denen sie jeweils komponiert (zusammengesetzt) sind. Prüfen Sie mit obigem Satz auf Umkehrbarkeit und berechnen Sie ggf. damit die Umkehrfunktion.

a) $f_1(x) := \dfrac{1}{x^2}$ b) $f_2(x) := \dfrac{3}{x^2+4}$ c) $f_3(x) = \dfrac{2}{(x+2)^2+4}$

3.4 Translationen, Skalierungen und Spiegelungen

Wir werden nun einige ganz einfache Funktionen betrachten, die für sich selbst gesehen keine große Rolle spielen, jedoch sehr häufig verknüpft mit anderen Funktionen auftreten.

Definition

Die Abbildung $t_c : x \mapsto x + c$ heißt **Translation** (Verschiebung) um (die Konstante) c.

Sei f eine beliebige Funktion und c und d Konstanten. Dann ist $t_c \circ f : x \mapsto f(x)+c$ und $f \circ t_d : x \mapsto f(x+d)$. In $t_c \circ f$ sind die Funktionswerte von f um c verschoben, in $f \circ t_d$ werden die x-Werte verschoben um d gegenüber f. Man kann auch beides kombinieren und erhält: $t_c \circ f \circ t_d : x \mapsto f(x+d)+c$. Der Graph von $t_c \circ f$ ist gegenüber dem von f um c in y-Richtung verschoben – im Falle $c > 0$ ist dies eine Verschiebung nach oben, im Falle $c < 0$ eine nach unten. Der Graph von $f \circ t_d$ ist gegenüber dem von f um d in x-Richtung verschoben – im Falle $d > 0$ ist dies eine Verschiebung nach links, im Falle $d < 0$ eine nach rechts. Bild 3.7 zeigt ein Beispiel mit $d = 2$ und $c = -5$. Der Graph von $t_c \circ f \circ t_d : x \mapsto f(x+2) - 5$ ist also gegenüber dem von f um 2 nach links und um 5 nach unten verschoben.

Definition

Die Abbildung $s_c : x \mapsto c \cdot x$ heißt **Skalierung** mit (der Konstanten) c.

Mit der Skalierung ist es wie mit der Translation – sie erhält ihre Bedeutung in der Komposition mit anderen Funktionen. Eine Skalierung bedeutet nichts anderes als eine Änderung der Skala, man kann auch sagen, des Maßstabs. Je nachdem wie eine Skalierung mit einer Funktion komponiert wird, wird der Maßstab auf der x- oder auf der y-Achse geändert.
Sei f eine beliebige Funktion und c und d Konstanten. Dann ist $s_c \circ f : x \mapsto c \cdot f(x)$ und $f \circ s_d : x \mapsto f(d \cdot x)$. In $s_c \circ f$ sind die Funktionswerte von f mit dem Faktor c skaliert, in $f \circ s_d$ sind die x-Werte skaliert gegenüber f. Wiederum kann man auch beides kombinieren und erhält: $s_c \circ f \circ s_d : x \mapsto c \cdot f(d \cdot x)$. Der

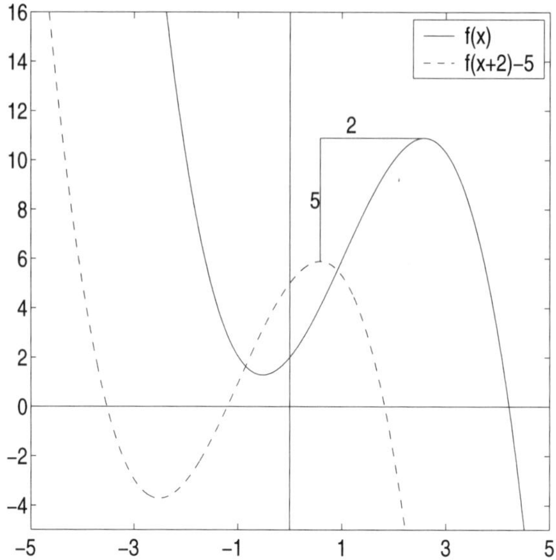

Bild 3.7

Graph von $s_c \circ f$ ist gegenüber dem von f um den Faktor c in y-Richtung gedehnt – im Falle $|c| < 1$ spricht man aber meist von einer Stauchung (unter einer Dehnung im engeren Sinne stellt man sich eine Verlängerung vor). Der Graph von $f \circ s_d$ ist gegenüber dem von f um den Faktor $\frac{1}{d}$ in x-Richtung gedehnt (auch hier liegt eine Stauchung vor, falls $\frac{1}{d} < 1$ gilt). Bild 3.8 zeigt ein Beispiel, wobei $d = 2$ und $c = 3$ vorliegt. Der Graph von $s_c \circ f \circ s_d : x \mapsto 3\,f(2\,x)$ ist also gegenüber dem von f um den Faktor 0.5 in x-Richtung gedehnt (gestaucht) und in y-Richtung um den Faktor 3 gedehnt.

Bemerkungen:
1. Skalierungen treten sehr häufig auf, beispielsweise dann, wenn man eine Funktion (oder ihren Graphen) in einer anderen physikalischen Einheit verwenden will. Angenommen, wir haben eine Funktion $f : t \mapsto f(t)$ vorliegen, wobei t der Zeit entspricht. t solle dabei in der Einheit Minuten verwendet werden, wir schreiben daher $f : t_{Min} \mapsto f(t_{Min})$. Welche Funktion erhalten wir, wenn wir f mit der Einheit Sekunden für die x-Variable verwenden wollen? Wir suchen also etwas wie $g : t_{Sek} \mapsto ?$ Da $t_{Sek} = \frac{1}{60}\,t_{Min}$ ist, haben wir also $g(t_{Sek}) = f(\frac{1}{60}\,t_{Min})$. Wir erhalten also den Graphen von g, indem wir den Graphen von f um den Faktor 60 in x-Richtung dehnen. Hier setzen wir voraus, dass der Maßstab auf der x-Achse unverändert bleibt. Wir könnten

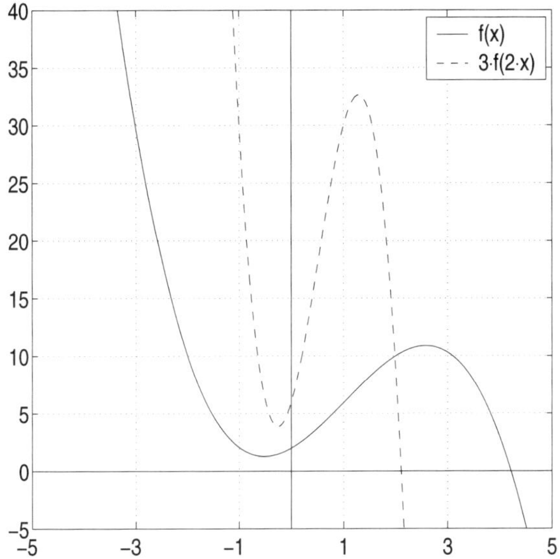

Bild 3.8

natürlich auch den Maßstab auf der x-Achse ändern, und genau dort, wo auf der x-Achse 1 Min., 2 Min.,... steht, einfach 60 Sek., 120 Sek.,... notieren, dann würde der Graph von f unverändert bleiben.
2. Es gibt auch Skalierungen, die sich nicht durch eine Multiplikation mit einem konstanten Faktor beschreiben lassen. Wir werden später den Logarithmus als eine solche kennen lernen.

Ist der Skalierungsfaktor negativ, so entspricht das einer Umkehrung der Achsen. Für den Graphen bedeutet das eine Spiegelung an einer der Achsen.

Definition

Die Skalierung $s : x \mapsto -x$ heißt **Spiegelung.**

Bemerkung: Sei $s : x \mapsto -1 \cdot x$, f eine Funktion. Dann gilt:
1. Der Graph der Funktion $g := f \circ s$, also $g : x \mapsto f(-x)$, entsteht aus dem Graphen von f durch Spiegelung an der y-Achse.
2. Der Graph der Funktion $g := s \circ f$, also $g : x \mapsto -f(x)$, entsteht aus dem Graphen von f durch Spiegelung an der x-Achse.

Beispiel 3.9

Zeichnen Sie den Graphen der Funktion $f : x \mapsto -x^3 + 2\,x^2 + 3\,x + 2$ für $x \in [-5, 5]$ sowie die Graphen der gespiegelten Funktionen $f \circ s$ und $s \circ f$.

Lösung: Wir erhalten Bild 3.9.

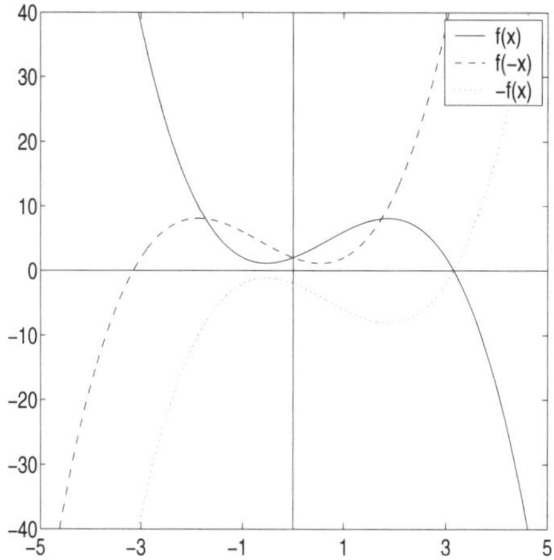

Bild 3.9

Die Graphen von f und $f \circ s$ liegen symmetrisch zur x-Achse; sie schneiden sich daher auch auf der x-Achse. Die Graphen von f und $s \circ f$ liegen symmetrisch zur y-Achse; sie schneiden sich daher auch auf der y-Achse. ■

Gerade und ungerade Funktionen

Eine Funktion f heißt **gerade**, wenn für alle x gilt: $f(x) = f(-x)$.
Eine Funktion f heißt **ungerade**, wenn für alle x gilt: $f(x) = -f(-x)$.

Beispiel 3.10

Prüfen Sie für die folgenden Funktionen, ob diese gerade, ungerade oder keines von beiden sind.

a) $f_1(x) := x^n \quad (n \in \mathbb{N})$ b) $f_2(x) := x + x^2$ c) $f_3(x) := |x|$

Lösung:

a) $$f_1(-x) = (-x)^n = \begin{cases} x^n & \text{falls } n \text{ gerade} \\ -x^n & \text{falls } n \text{ ungerade} \end{cases} = \begin{cases} f_1(x) & \text{falls } n \text{ gerade} \\ -f_1(x) & \text{falls } n \text{ ungerade} \end{cases}$$

Daraus erkennen wir: f ist gerade, falls n gerade ist. f ist ungerade, falls n ungerade ist.
b) f_2 ist weder gerade noch ungerade, denn beispielsweise ist $f_2(2) = 6$, aber $f_2(-2) = 2$, also $f_2(2) \neq f_2(-2)$ und $f_2(2) \neq -f_2(-2)$.
c) Für alle x gilt: $f_3(-x) = |-x| = |x| = f_3(x)$, also ist die Betragsfunktion eine gerade Funktion. ∎

Bemerkung: Aus der Bemerkung zur Spiegelung können wir erkennen:
1. Der Graph einer geraden Funktion ist stets symmetrisch zur y-Achse (also gleich seinem eigenen Spiegelbild bezüglich der y-Achse).
2. Der Graph einer ungeraden Funktion ist stets punktsymmetrisch zum Nullpunkt (er ist gleich seinem eigenen Spiegelbild, wenn man erst an der einen Achse, dann an der anderen Achse spiegelt, was einer Punktspiegelung am Nullpunkt gleich kommt).

3.5 Die Wurzelfunktionen

In Beispiel 3.7 haben wir schon die Funktion $f(x) = x^2$ auf Umkehrbarkeit untersucht, und haben dabei die Wurzelfunktion $f^{-1}(x) = \sqrt{x}$ kennen gelernt. Analog kann man auch für allgemeine Potenzfunktionen $f(x) = x^n$ vorgehen.

Wurzelfunktion

Für $n \in \mathbb{N}$ ist die Funktion $f : \mathbb{R}_+ \longrightarrow \mathbb{R}_+$, gegeben durch $f(x) = x^n$, umkehrbar. Die zugehörige Umkehrfunktion, $f^{-1} : \mathbb{R}_+ \longrightarrow \mathbb{R}_+$ wird als **Wurzelfunktion** bezeichnet und geschrieben als $f^{-1}(x) = \sqrt[n]{x}$.
Im Fall $n = 2$ schreibt man auch kurz $\sqrt{x}$ anstelle von $\sqrt[2]{x}$. Ausdrücke unter dem Wurzelzeichen bezeichnet man als **Radikanden**.

Bemerkung: Man beachte, dass nach Definition stets $\sqrt[n]{x} \geq 0$ gilt. Insbesondere gilt für alle $x \in \mathbb{R}$:

$$\boxed{\sqrt{x^2} = |x|,}$$

und nicht(!), wie leider vielfach angenommen wird, $\sqrt{x^2} = \pm x$ (es ist ohnehin schleierhaft, was hier unter $\pm$ verstanden werden soll).

Rechnen mit Wurzeln

Wir schreiben auch

$$\sqrt[n]{x} = x^{\frac{1}{n}} \text{ für } x \geq 0.$$

Damit gelten die Rechenregeln für Potenzen (siehe Kapitel 1), also

$$x^p\, x^q = x^{p+q},\ (x^p)^q = x^{p\,q},\ (x\,y)^p = x^p\, y^p$$

auch für rationale Exponenten p, q für alle x, $y \geq 0$. In der Schreibweise mit dem Wurzelzeichen bedeutet dies

$$\sqrt[n]{\sqrt[m]{x}} = (x^{\frac{1}{m}})^{\frac{1}{n}} = x^{\frac{1}{n\,m}} = (x^{\frac{1}{n}})^{\frac{1}{m}} = \sqrt[m]{\sqrt[n]{x}}$$

$$x^{\frac{n}{m}} = (\sqrt[m]{x})^n = \sqrt[m]{x^n}.$$

Bemerkungen:

1. Für ungerades $n \in \mathbb{N}$ ist die Funktion $x \mapsto x^n$ sogar auf ganz $\mathbb{R}$ umkehrbar. Die zugehörige Umkehrfunktion ist definiert auf ganz $\mathbb{R}$ mit Werten in ganz $\mathbb{R}$. Sie lautet

$$f^{-1}(x) = \begin{cases} \sqrt[n]{x} & \text{falls } x \geq 0 \\ -\sqrt[n]{-x} & \text{falls } x < 0 \end{cases}$$

Bei dieser Erweiterung der Wurzelfunktion ist jedoch Vorsicht geboten, denn die Potenzrechenregeln gelten dann nicht mehr allgemein – ihre naive Anwendung führt leicht zu Widersprüchen! Manche Taschenrechner weigern sich aus diesem Grund, negative Zahlen unter dem Wurzelzeichen zu akzeptieren. Prüfen Sie einmal, wie Ihr eigener Taschenrechner reagiert.

2. Das Rechnen mit Wurzeln ist also nichts anderes als Rechnen mit Potenzen mit gebrochenen Exponenten, mit der einzigen Besonderheit, dass ein besonderes Zeichen, eben das Wurzelzeichen, verwendet wird. Es empfiehlt sich, in jeder Situation, in der man nicht ganz sicher über Umformungen von Wurzeln ist, zu Potenzen mit gebrochenen Exponenten überzugehen. Dies hat den Vorteil, dass man mit den Potenzrechenregeln weiterrechnen kann, so dass man sich auf – hoffentlich! – vertrautem Terrain bewegt. Insbesondere sollte man sich klar machen, dass die Rechenregeln für Wurzeln also gar keine neuen Rechenregeln sind, sondern nur die bekannten Potenzrechenregeln in neuem Gewand.

Beispiel 3.11

Vereinfachen Sie die folgenden Ausdrücke; hierbei ist $x,\, y \in \mathbb{R}_+ \setminus \{0\}$.

a) $\sqrt[3]{x^6\,(2\,y)^{12}}$ b) $\dfrac{\sqrt{x}\,\sqrt[3]{y}}{\sqrt[3]{x}\,\sqrt{y}}$ c) $\sqrt{\sqrt[4]{x}\,\sqrt[3]{y}}$

Lösung:

a) $\sqrt[3]{x^6\,(2\,y)^{12}} = (x^6\,(2\,y)^{12})^{\frac{1}{3}} = (x^6)^{\frac{1}{3}}\,((2\,y)^{12})^{\frac{1}{3}} = x^2\,(2\,y)^4 = 16\,x^2\,y^4.$

b) $\dfrac{\sqrt{x}\,\sqrt[3]{y}}{\sqrt[3]{x}\,\sqrt{y}} = \dfrac{x^{\frac{1}{2}}\,y^{\frac{1}{3}}}{x^{\frac{1}{3}}\,y^{\frac{1}{2}}} = x^{\frac{1}{2}-\frac{1}{3}}\,y^{\frac{1}{3}-\frac{1}{2}} = x^{\frac{1}{6}}\,y^{-\frac{1}{6}} = \left(\dfrac{x}{y}\right)^{\frac{1}{6}} = \sqrt[6]{\dfrac{x}{y}}.$

c) $\sqrt{\sqrt[4]{x}\,\sqrt[3]{y}} = (x^{\frac{1}{4}}\,y^{\frac{1}{3}})^{\frac{1}{2}} = (x^{\frac{1}{8}}\,y^{\frac{1}{6}}) = \sqrt[8]{x}\,\sqrt[6]{y}.$ ■

Treten im Nenner eines Bruches Wurzeln auf, so kann man diesen Bruch oft mit Hilfe der dritten binomischen Formel und Erweitern in einen Bruch ohne Wurzeln im Nenner umschreiben.

Beispiel 3.12

Schreiben Sie die folgenden Brüche mit Hilfe der dritten binomischen Formel und Erweitern so um, dass im Nenner keine Wurzeln mehr stehen.

a) $\dfrac{2+3\sqrt{5}}{4-3\sqrt{5}}$ b) $\dfrac{3-\sqrt{7}}{\sqrt{5}-\sqrt{2}}$ c) $\dfrac{3-\sqrt{2}}{1+\sqrt{2}-\sqrt{6}}$

Lösung:

a) $\dfrac{2+3\sqrt{5}}{4-\sqrt{15}} = \dfrac{(2+3\sqrt{5})\,(4+\sqrt{15})}{(4-\sqrt{15})\,(4+\sqrt{15})} = \dfrac{8+3\sqrt{5}\sqrt{5}\sqrt{3}+12\sqrt{5}+2\sqrt{15}}{4^2-(\sqrt{15})^2}$

$= 8+15\sqrt{3}+12\sqrt{5}+2\sqrt{15}$

b) $\dfrac{3-\sqrt{7}}{\sqrt{5}-\sqrt{2}} = \dfrac{(3-\sqrt{7})\,(\sqrt{5}+\sqrt{2})}{(\sqrt{5}-\sqrt{2})\,(\sqrt{5}+\sqrt{2})} = \dfrac{3\sqrt{5}+3\sqrt{2}-\sqrt{35}-\sqrt{14}}{5-2}$

$= \sqrt{5}+\sqrt{2}-\dfrac{\sqrt{35}+\sqrt{14}}{3}$

c) $\dfrac{3-\sqrt{2}}{1+\sqrt{2}-\sqrt{6}} = \dfrac{(3-\sqrt{2})\,(1+\sqrt{2}+\sqrt{6})}{(1+\sqrt{2}-\sqrt{6})\,(1+\sqrt{2}+\sqrt{6})} = \dfrac{1+2\sqrt{2}+3\sqrt{6}-2\sqrt{3}}{(1+\sqrt{2})^2-6}$

$= \dfrac{1+2\sqrt{2}+3\sqrt{6}-2\sqrt{3}}{-3+2\sqrt{2}} = \dfrac{(1+2\sqrt{2}+3\sqrt{6}-2\sqrt{3})\,(-3-2\sqrt{2})}{(-3+2\sqrt{2})\,(-3-2\sqrt{2})}$

$= (1+2\sqrt{2}+3\sqrt{6}-2\sqrt{3})\,(-3-2\sqrt{2}) = -11-8\sqrt{2}-5\sqrt{6}-6\sqrt{3}.$ ■

Aufgaben

3.7 Vereinfachen Sie die folgenden Ausdrücke; hierbei ist $x,\ y \in \mathbb{R}_+ \setminus \{0\}$.

a) $\dfrac{1}{\sqrt[3]{y\sqrt{x}}}\,\sqrt[6]{x\,y}$ b) $\dfrac{9\,(y\sqrt{x^3})^3}{x\,(3\sqrt[3]{y})^2}$ c) $\dfrac{\sqrt[3]{27\,y^2\,x^6}}{(\sqrt[3]{y}\,\sqrt{x})^3}$

3.8 Schreiben Sie die folgenden Brüche so um, dass im Nenner keine Wurzeln mehr stehen.

a) $\dfrac{3\sqrt{7}-7\sqrt{3}}{\sqrt{7}-\sqrt{3}}$ b) $\dfrac{6-14\sqrt{2}}{4-3\sqrt{2}}$ c) $\dfrac{1-\sqrt{2}}{\sqrt{6}-2\sqrt{3}+\sqrt{2}}$

3.6 Polynome

Wir haben bereits Funktionen wie $x \mapsto x^2$, $x \mapsto x^2+3$, $x \mapsto (x+3)^2$ untersucht. Wir wollen uns nun gewissen Funktionen zuwenden, die allgemein Potenzen der Variablen x mit ganzzahligem Exponenten enthalten und eine gewisse Struktur haben: Sie lassen sich als eine Summe von Vielfachen von Potenzen der Variablen x mit ganzzahligem Exponenten schreiben.

Definition

Sei $n \in \mathbb{N}_0$, $a_0, a_1, \ldots, a_n \in \mathbb{R}$, $a_n \neq 0$. Dann heißt die Funktion p, definiert durch

$$p(x) := a_0 + a_1\,x + a_2\,x^2 + \ldots + a_n\,x^n = \sum_{i=0}^{n} a_i\,x^i$$

Polynom vom Grad n.
Die a_i, $i = 1, \ldots, n$ nennt man auch die **Koeffizienten** des Polynoms.

Beispiel 3.13

Prüfen Sie für die folgenden Funktionen, ob es sich um Polynome handelt. Bestimmen Sie ggf. den Grad des Polynoms und geben Sie alle Koeffizienten a_i an.

$p_1(x) := 3\,x^3 - 2\,x^2 + 7\,x - 3$ $p_2(x) := x^4 - x^2 + 3$

$p_3(x) := x^3 + \sqrt{x} - 7$ $p_4(x) := \dfrac{x^2-4}{x-2}$

$p_5(x) := (x+3)^2\,x^6$ $p_6(x) := 7$

Lösung:
p_1 ist Polynom vom Grad 3, mit $a_3 = 3$, $a_2 = -2$, $a_1 = 7$, $a_0 = -3$ gilt: $p_1(x) = a_3\,x^3 + a_2\,x^2 + a_1\,x^1 + a_0$.
p_2 ist Polynom vom Grad 4, mit $a_4 = 1$, $a_2 = -1$, $a_0 = 3$ und $a_3 = a_1 = 0$ gilt $p_2(x) = a_4\,x^4 + a_3\,x^3 + a_2\,x^2 + a_1\,x^1 + a_0$.
p_3 ist kein Polynom, denn $\sqrt{x}$ lässt sich nicht als x^k mit $k \in \mathbb{N}_0$ schreiben.
p_4 ist kein Polynom, denn p_4 ist in $x = 2$ nicht definiert. Hoffentlich haben Sie jetzt nicht begeistert die dritte binomische Formel benutzt und p_4 als Polynom vom Grad 2 erkannt – falls doch, studieren Sie bitte noch einmal Beispiel 3.2 genau.
p_5 ist Polynom vom Grad 8 (dies sollten Sie dem Ausdruck direkt ansehen können, da Sie ja mit den Potenzrechenregeln vertraut sind). Die Koeffizienten sind: $a_8 = 1$, $a_7 = 6$, $a_6 = 9$ und die $a_i = 0$ für $i = 0, \ldots, 5$.
p_6 ist Polynom vom Grad 0 mit $a_0 = 7$. ■

Bemerkungen:
1. Man erkennt direkt an der Definition, dass der Definitionsbereich von Polynomen $\mathbb{R}$ ist.
2. Konstante Funktionen sind auch Polynome, und zwar vom Grad 0 (siehe p_6 in obigem Beispiel). Auch die konstante Funktion $p : x \mapsto 0$, die formal nicht der obigen Definition entspricht, wird als Polynom vom Grad 0 angesehen und auch als *Nullpolynom* bezeichnet.
3. Der Koeffizient von x^0, also der von x unabhängige Summand in einem Polynom, ist der Wert des Polynoms an der Stelle $x = 0$, kurz: $p(0) = a_0$.

3.6.1 Polynome vom Grad 0

Diese sind die konstanten Funktionen. Ihr Graph besteht aus einer Parallelen zur x-Achse. Sie sind natürlich nicht umkehrbar, denn jeder x-Wert wird ja auf denselben y-Wert abgebildet.

3.6.2 Polynome vom Grad 1

Diese haben also die Form $p(x) = a\,x + b$ mit Konstanten $a, b \in \mathbb{R}$. Ihr Graph ist eine *Gerade*, sie schneidet die y-Achse bei $y = b$ (denn $p(0) = b$). Wenn x um 1 erhöht wird, erhalten wir $p(x+1) = a\,(x+1) + b = p(x) + a$, d. h. der Wert des Polynoms erhöht sich um a, und zwar unabhängig von x. Wir können also a an einem *Steigungsdreieck* an der Geraden ablesen, siehe Bild 3.10. Man bezeichnet daher a auch als *Steigung* der Geraden.

Die Gerade $y = x$ hat also die Steigung 1 (denn $a = 1$), ihr Steigungswinkel ist 45°. Sie läuft durch den Punkt $(0, 0)$ und halbiert den 90°-Winkel am Ursprung. Sie wird daher auch als *erste Winkelhalbierende* bezeichnet. Die Gerade $y = -x$ hat eine Steigung von -1 (Winkel $-45°$) und wird analog als *zweite Winkelhalbierende* bezeichnet.
Man erkennt sofort am Graphen von $p(x) = a\,x + b$, also an der Geraden $y = a\,x + b$, dass Polynome vom Grad 1 umkehrbar sind. Da der Graph der Umkehrfunktion durch Spiegelung an der Geraden $y = x$ entsteht, ist er auch wieder eine Gerade. Die Umkehrfunktion zu p ist also auch wieder ein Polynom vom Grad 1 und sie lautet: $p^{-1}(x) = \frac{x-b}{a}$.

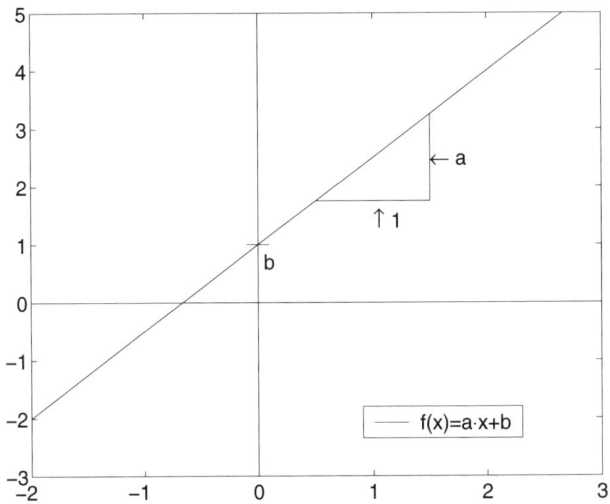

Bild 3.10

Eine Gerade $y = p(x) = a\,x$, also mit $b = 0$, verläuft durch den Nullpunkt. Sie besitzt die folgenden Eigenschaften:

- $x_2 = \lambda\,x_1 \Longrightarrow p(x_2) = \lambda\,p(x_1)$ für alle $x_1,\, x_2,\, \lambda \in \mathbb{R}$
- $x = x_1 + x_2 \Longrightarrow p(x) = p(x_1) + p(x_2)$ für alle $x_1,\, x_2 \in \mathbb{R}$

Diese sind die Kennzeichen einer *linearen* Funktion. Die Funktionswerte $p(x)$ sind *proportional* zu den zugehörigen x-Werten. Man schreibt $a\,x \sim x$ und nennt a die *Proportionalitätskonstante*. Beispielsweise bedeutet dies: Verdoppelt man x, so verdoppelt sich auch $p(x)$; dies ist die erste der beiden Eigenschaften gelesen mit $\lambda = 2$. Diese beiden Eigenschaften gelten aber ausschließlich für Funktionen $f : x \mapsto a\,x$; für alle anderen Funktionen gelten sie nicht. Man merke sich daher:

Die Formeln

$$f(\lambda\, x) = \lambda\, f(x) \quad \text{und} \quad f(x_1 + x_2) = f(x_1) + f(x_2)$$

gelten nur dann für alle x, x_1, x_2, $\lambda \in \mathbb{R}$, wenn es ein $a \in \mathbb{R}$ gibt mit

$$f(x) = a\, x$$

3.6.3 Polynome vom Grad 2

Diese haben also die Form $p(x) = a\, x^2 + b\, x + c$. Ihr Graph ist eine *Parabel*[1]; sie schneidet die y-Achse bei $y = c$ (denn $p(0) = c$). Mittels quadratischer Ergänzung (siehe Kapitel 1) können wir $p(x)$ umschreiben:

$$\begin{aligned} p(x) &= a\left(x^2 + \frac{b}{a}\, x\right) + c = a\left(x^2 + 2\,\frac{b}{2\,a}\, x + \frac{b^2}{4\,a^2} - \frac{b^2}{4\,a^2}\right) + c \\ &= a\left(\left(x + \frac{b}{2\,a}\right)^2 - \frac{b^2}{4\,a^2}\right) + c = a\left(x + \frac{b}{2\,a}\right)^2 - \frac{b^2}{4\,a} + c. \qquad (3.1) \end{aligned}$$

Aus dieser Darstellung können wir etwas über die Lage der Parabel ablesen. Wenn wir für den Moment annehmen, dass $a > 0$ ist, dann gilt $p(x) \geq c - \frac{b^2}{4\,a}$ für alle x (denn $(x + \frac{b}{2\,a})^2 \geq 0$). Man sagt, die Parabel ist nach oben geöffnet. Weiter ist der tiefste Punkt der Parabel dort, wo $x + \frac{b}{2\,a} = 0$ ist. Dies ist für $x = -\frac{b}{2\,a}$ der Fall, der zugehörige Punkt der Parabel lautet damit $\left(-\frac{b}{2\,a}, p(-\frac{b}{2\,a})\right) = \left(-\frac{b}{2\,a}, c - \frac{b^2}{4\,a}\right)$. Diesen Punkt bezeichnet man als *Scheitelpunkt* der Parabel. Er ist in Bild 3.11 mit S bezeichnet.
Falls $a < 0$ ist, so hat der Scheitelpunkt S dieselben Koordinaten, aber er ist dann der höchste Punkt der Parabel – die Parabel ist nun nach unten geöffnet.
Am Graphen erkennt man, dass Polynome vom Grad 2 nie umkehrbar sind. Auch die Bildmenge ist leicht abzulesen: $p(\mathbb{R}) = \{x \in \mathbb{R} \mid x \geq c - \frac{b^2}{4\,a}\}$, falls $a > 0$ ist und $p(\mathbb{R}) = \{x \in \mathbb{R} \mid x \leq c - \frac{b^2}{4\,a}\}$, falls $a < 0$ ist.

[1]Mehr zu Parabeln in Abschnitt 5.4

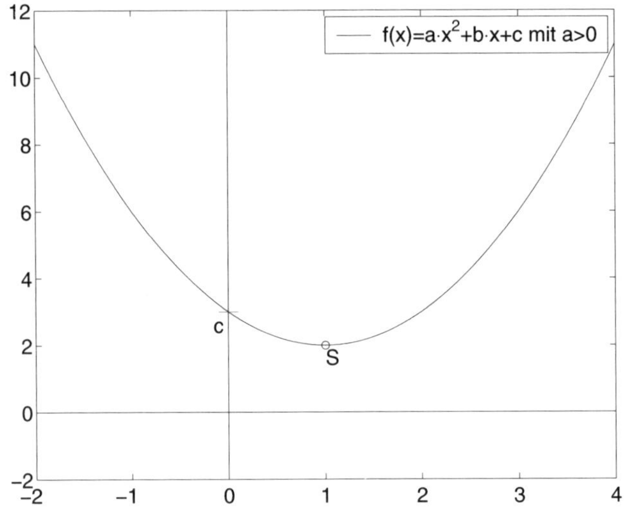

Bild 3.11

Aufgaben

3.9 Bestimmen Sie die Scheitelpunkte der folgenden Parabeln und prüfen Sie, ob die Parabeln nach oben oder nach unten geöffnet sind.

a) $y = 3\,x^2 - 12\,x + 19$ b) $y = -7\,x^2 - 42\,x - 65$

c) $y = -5\,x^2 + 10\,x - 3$ d) $y = 4\,x^2 + 56\,x + 196$

3.10 a) Eine Gerade $y = a\,x + b$ lässt sich, falls $a \neq 0$, aus dem Graphen von $f(x) = x$ auf zwei verschiedene Weisen durch eine Translation und eine Skalierung gewinnen. Beschreiben Sie die beteiligten Funktionen und ihre Reihenfolge genau und erklären Sie damit, wie diese Gerade aus der ersten Winkelhalbierenden $y = x$ entsteht.

b) Eine Parabel $y = a\,x^2 + b\,x + c$ lässt sich, falls $a \neq 0$, aus der Normalparabel $y = x^2$ durch zwei Translationen und eine Skalierung gewinnen. Beschreiben Sie die beteiligten Funktionen und ihre Reihenfolge genau und erklären Sie damit, wie diese Parabel aus der Normalparabel $y = x^2$ entsteht.

Zu a) und b): Überprüfen Sie Ihre Aussage, indem Sie konkrete Zahlen a, b (bzw. auch noch c) wählen, die Gerade bzw. Parabel zeichnen und prüfen, ob die von Ihnen vorhergesagte Transformation dasselbe Ergebnis liefern würde.

3.7 Rationale Funktionen

Definition

Seien p, q Polynome, q nicht das Nullpolynom. Dann heißt die Funktion f, die gegeben ist durch

$$f(x) := \frac{p(x)}{q(x)},$$

rationale Funktion.

Bemerkungen:
1. Während die beiden beteiligten Polynome p und q auf ganz $\mathbb{R}$ definiert sind, muss das für den Quotienten nicht mehr gelten: $f(x)$ ist nur dort definiert, wo $q(x) \neq 0$ gilt.
2. Man beachte die Analogie: So wie eine rationale Zahl aus zwei einfachen Zahlen, nämlich ganzen Zahlen, durch Division entsteht, so entsteht eine rationale Funktion aus zwei einfachen Funktionen, nämlich Polynomen, durch Division.
3. Analog zu der Division zweier ganzer Zahlen mit Rest kann man auch Polynome durcheinander mit Rest dividieren. Bei den ganzen Zahlen haben wir beispielsweise (man erinnere sich an die Grundschule!)

$$7:3=2, \quad \text{Rest } 1, \quad \text{d. h. } 7:3=2+\tfrac{1}{3}, \quad \text{d. h.} \quad 7=2\cdot 3+1.$$

Man beachte, dass der Rest naturgemäß immer kleiner als der Divisor ist, also als die Zahl, durch die geteilt wird.
Das Analogon dazu bei Polynomen ist die Polynomdivision.

Polynomdivision

Seien p, q zwei Polynome, $f = \frac{p}{q}$ eine rationale Funktion. Dann gibt es ein Polynom q_1 und ein Polynom r mit $\text{Grad}(r) < \text{Grad}(q)$ mit

$$f(x) = \frac{p(x)}{q(x)} = q_1(x) + \frac{r(x)}{q(x)} \qquad \text{für alle } x \text{ mit } q(x) \neq 0.$$

r ist also der Rest (das Restpolynom), der bei Division von p durch q entsteht. Man kann daher auch äquivalent schreiben:

$$p(x) : q(x) = q_1(x), \quad \text{Rest } r(x).$$

Beispiel 3.14

Dividieren Sie $p(x) = 6\,x^4 + 17\,x^3 - 13\,x^2 + 45\,x - 24$ mit Rest durch $q(x) = 2\,x^2 + 7\,x - 3$.

Lösung: Die Rechnung geschieht genauso, wie man es in der Grundschule bei der Division natürlicher Zahlen gelernt hat. Man muss nur das Augenmerk auf die Exponenten richten:

$$
\begin{array}{l}
p(x) : q(x) = \\
\quad (6\,x^4 + 17\,x^3 - 13\,x^2 + 45\,x - 24) \;:\; (2\,x^2 + 7\,x - 3) \;=\; 3\,x^2 - 2\,x + 5, \\
\underline{-(6\,x^4 + 21\,x^3 - 9\,x^2)} \qquad\qquad\qquad\qquad\qquad\qquad \text{Rest } 4\,x - 9 \\
\qquad\quad - 4\,x^3 - 4\,x^2 + 45\,x \\
\qquad \underline{-(-4\,x^3 - 14\,x^2 + 6\,x)} \\
\qquad\qquad\qquad\quad 10\,x^2 + 39\,x - 24 \\
\qquad\qquad\qquad \underline{-(10\,x^2 + 35\,x - 15)} \\
\qquad\qquad\qquad\qquad\qquad 4\,x - 9
\end{array}
$$

Im Einzelnen sind wir dabei so vorgegangen:

1. Schritt: Zuerst nimmt man den ersten Term von $p(x)$ und dividiert ihn durch den ersten Term von $q(x)$, also $6\,x^4 : 2\,x^2$, dies ergibt $3\,x^2$. Das Ergebnis beginnt also mit $3\,x^2$, man notiert dies schon einmal rechts vom Gleichheitszeichen. Dann wird dieses mit $q(x)$ multipliziert und linksbündig unter $p(x)$ geschrieben: $3\,x^2 \cdot q(x) = 3\,x^2 \cdot (2\,x^2 + 7\,x - 3) = 6\,x^4 + 21\,x^3 - 9\,x^2$. Dies wird vom unmittelbar darüber stehenden subtrahiert: $6\,x^4 + 17\,x^3 - 13\,x^2 - (6\,x^4 + 21\,x^3 - 9\,x^2) = -4\,x^3 - 4\,x^2$. Dazu kommt der nächste, noch nicht benutzte Term aus $p(x)$, also $+45\,x$, was $-4\,x^3 - 4\,x^2 + 45\,x$ ergibt.

2. Schritt: Der erste Schritt wird nun mit dem Ausdruck $-4\,x^3 - 4\,x^2 + 45\,x$ wiederholt. Wiederum wird der führende Term, diesmal $-4\,x^3$ durch den führenden Term von $q(x)$, also, wie vorher, $2\,x^2$ dividiert, was $-2\,x$ ergibt. Dies ist der zweite Term im Ergebnis; das Ergebnis beginnt also mit $3\,x^2 - 2\,x$. Der zweite Term wird wieder mit $q(x)$ multipliziert, was $-2\,x \cdot q(x) = -4\,x^3 - 14\,x^2 + 6\,x$ ergibt, was links unten, unter $-4\,x^3 - 4\,x^2 + 45\,x$, notiert wird. Dann wird wieder die Differenz gebildet, man erhält $10\,x^2 + 39\,x$, wozu noch der nächste, noch nicht benutzte Term von $p(x)$ kommt. Wir sind nun bei $10\,x^2 + 39\,x - 24$ angekommen.

3. Schritt: Analog zum ersten und zweiten Schritt: Dividieren des führenden Terms durch den führenden Term von $q(x)$ ergibt 5, was den dritten Term des Ergebnisses darstellt. Die 5 wird wieder mit $q(x)$ multipliziert, was $10\,x^2 + 35\,x - 15$ ergibt. Links unten notieren und Differenz bilden führt auf $4\,x - 9$. Hier endet die Rechnung, denn würden wir wie vorher fortfahren, würden wir nun $4\,x : 2\,x^2$ zu rechnen haben und negative Potenzen bekommen. Diese $4\,x - 9$ bilden also den Rest der Division. Wir haben also insgesamt:

$$\frac{p(x)}{q(x)} = \frac{6\,x^4 + 17\,x^3 - 13\,x^2 + 45\,x - 24}{2\,x^2 + 7\,x - 3} = 3\,x^2 - 2\,x + 5 + \frac{4\,x - 9}{2\,x^2 + 7\,x - 3}.$$

Wer dieses Verfahren noch nicht kennt, mag sagen, ein hartes Stück Arbeit (und wer es schon kennt, auch). Es ist jedoch empfehlenswert, sich einmal Schritt für Schritt durch die obige Rechnung durchzubeißen und zu schauen, was genau passiert. Dann wird man feststellen, dass nicht viel dahinter steckt. ■

Aufgabe

3.11 Führen Sie die folgenden Polynomdivisionen $p(x) : q(x)$ durch:

a) $p(x) = 2\,x^5 + 3\,x^4 - 2\,x^3 + 21, \qquad q(x) = 2\,x^3 + 5\,x^2 - 3\,x + 7$

b) $p(x) = 12\,x^5 - 19\,x^4 + 35\,x^3 + 3\,x^2 + 36, \qquad q(x) = 3\,x^2 - 4\,x + 4$

c) $p(x) = 3\,x^4 + 7\,x^3 - 7\,x^2 - 7\,x + 4, \qquad q(x) = 3\,x^2 + 7\,x - 4$

d) $p(x) = 8\,x^5 + 34\,x^4 - 55\,x^3 + 4\,x, \qquad q(x) = 4\,x^4 - 5\,x^3 + 2$

Wir wissen nun, dass sich jede rationale Funktion $\frac{p}{q}$ schreiben lässt als die Summe eines Polynoms und einer rationalen Funktion $\frac{r}{q}$ mit $\text{Grad}(r) < \text{Grad}(q)$. Wir betrachten nun noch einige einfache Fälle, in denen der Grad des Zählerpolynoms kleiner als der des Nennerpolynoms ist.

$f(x) = \frac{1}{x}$: Den Graphen von f haben wir schon in Bild 3.4 kennen gelernt. Er zerfällt in zwei Teile, die man *Äste* nennt.

$f(x) = \frac{1}{x^2+c}$, wobei $c \in \mathbb{R}$ eine Konstante ist: Die Gestalt des Graphen von f hängt hier entscheidend vom Vorzeichen der Konstanten c ab. Wir unterscheiden drei Fälle, $c > 0$, $c = 0$ und $c < 0$.

- $c > 0$: Der Graph besteht aus einer Linie, die durchweg oberhalb der x-Achse verläuft, siehe Bild 3.12.
- $c = 0$: Der Graph besteht aus zwei Ästen, die beide oberhalb der x-Achse liegen. Er kann aus dem Graphen für $c > 0$ hergeleitet werden, in dem man c immer kleiner werden lässt. Der Funktionswert in $x = 0$ steigt dabei immer weiter an, bis er gewissermaßen im Fall $c = 0$ unendlich groß wird und der Graph bei $x = 0$ auseinander reißt, siehe Bild 3.13.
- $c < 0$: Hier besteht der Graph aus drei Ästen, von denen zwei oberhalb und einer unterhalb der x-Achse liegen, siehe Bild 3.14.

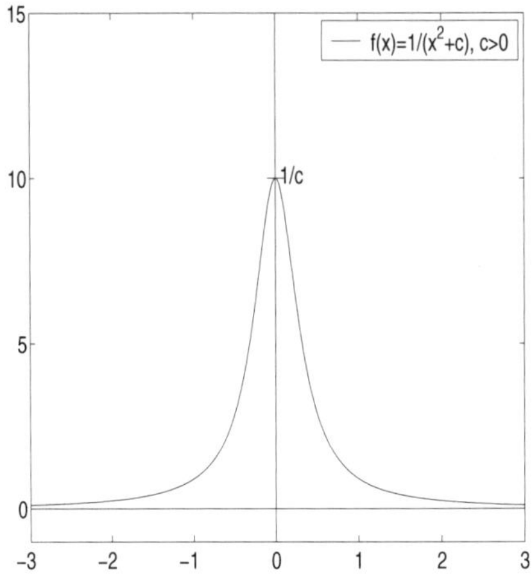

Bild 3.12

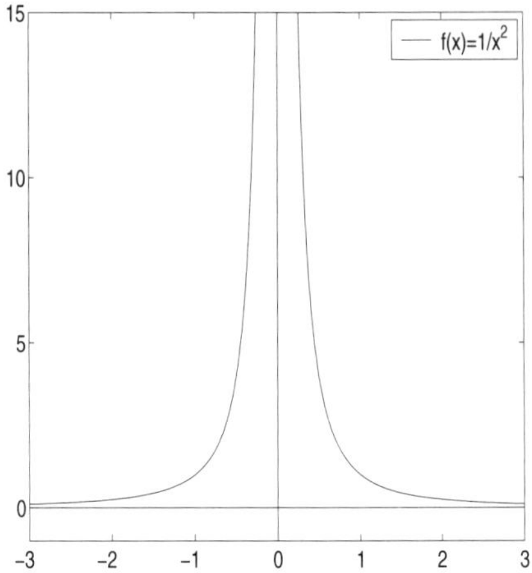

Bild 3.13

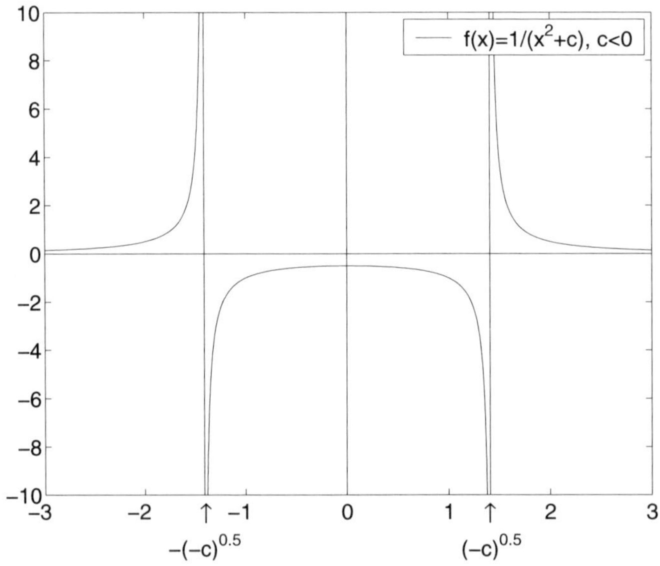

Bild 3.14

Aufgabe

3.12 a) Die Kurve $y = \dfrac{1}{a\,x+b}$ lässt sich, falls $a \neq 0$, aus dem Graphen von $f(x) = \dfrac{1}{x}$ auf zwei verschiedene Weisen durch eine Translation und eine Skalierung gewinnen. Beschreiben Sie die beteiligten Funktionen und ihre Reihenfolge genau und erklären Sie damit, wie sich die Graphen entsprechend transformieren.

b) Die Kurve $y = \dfrac{1}{a\,x^2+b\,x+c}$ lässt sich, falls $a \neq 0$, aus dem Graphen von $f(x) = \dfrac{1}{x^2+d}$ (mit einer gewissen Konstante d) durch eine Translation und eine Skalierung gewinnen. Beschreiben Sie die beteiligten Funktionen und ihre Reihenfolge genau und erklären Sie damit, wie sich die Graphen entsprechend transformieren.

Zu a) und b): Überprüfen Sie Ihre Aussage, indem Sie konkrete Zahlen a, b (bzw. auch noch c) wählen, die Kurven zeichnen und schauen, ob die von Ihnen vorhergesagte Transformation dasselbe Ergebnis liefern würde.

3.8 Die e-Funktion und ihre Umkehrfunktion, der natürliche Logarithmus

Vorweg ein kleiner Exkurs in die Zinsrechnung: Hat man ein Kapital K zu einem festen Zinssatz von p (beispielsweise bedeutet $p = 0.02$ eine Verzinsung von 2% p. a.) angelegt, so hat man nach einem Jahr ein Guthaben von $K\cdot(1+p)$. Nach n Jahren wäre dieses entsprechend auf $K\cdot(1+p)^n$ angewachsen. Üblicherweise wird der Zinssatz als Jahreszinssatz angegeben („p. a.“). Wie sieht die Sache aber aus, wenn wir einen monatlichen Zinssatz verwenden würden? Gehen wir von einem monatlichen Zinssatz von $\frac{p}{12}$ aus, dann hätten wir nach einem Jahr ein Guthaben von $K\cdot(1+\frac{p}{12})^{12}$ vorliegen. Hier lohnt es sich innezuhalten und zu überlegen, ob man mit dieser monatlichen Verzinsung mit $\frac{p}{12}$ ein größeres oder kleineres Kapital als bei der jährlichen mit p erzielt. In der Tat ist dieses größer, denn die monatlich erhaltenen Zinsen sind im Jahresverlauf auch weiter mitverzinst worden. Analog würde eine wöchentliche Verzinsung mit $\frac{p}{52}$ nach einem Jahr ein noch höheres Guthaben von $K\cdot(1+\frac{p}{52})^{52}$ erzielen. Es ist jedoch nicht so, dass die auf diese Weise in immer kleineren Zeiteinheiten vorgenommene Verzinsung nach einem Jahr ein beliebig großes Guthaben ergeben würde. Vielmehr kann man zeigen, dass es sich einem bestimmten Wert annähert, der natürlich von p abhängt. Genauer gesagt lässt sich dieser Wert schreiben als $K \cdot \mathrm{e}^p$, wobei e die so genannte Euler'sche[1] Zahl ist, welche den Wert $\mathrm{e} = 2.718281828\ldots$ besitzt. e ist eine irrationale Zahl, also mit nicht-abbrechender, nicht-periodischer Dezimaldarstellung, die sich auch nicht mit Hilfe von Wurzeln aus rationalen Zahlen schreiben lässt.

Definition

Die Funktion $\exp : \mathbb{R} \longrightarrow \mathbb{R}$ definiert durch $\exp(x) := \mathrm{e}^x$, wobei $\mathrm{e} = 2.718281828\ldots$ die Euler'sche Zahl ist, wird **Exponentialfunktion** oder meist kurz **e-Funktion** genannt. Ihr Graph ist in Bild 3.15 wiedergegeben.

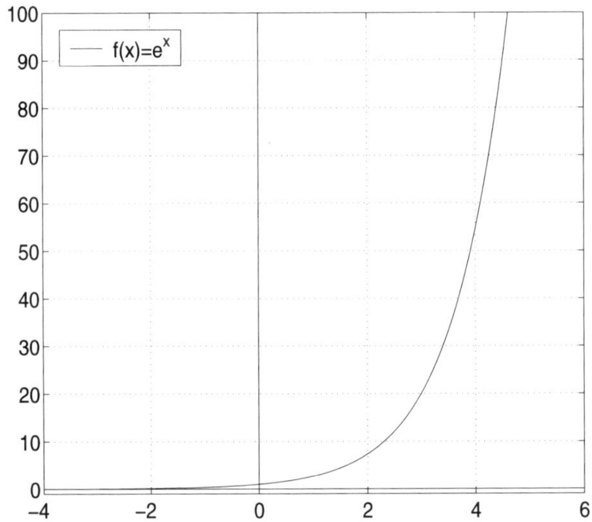

Bild 3.15

Bemerkungen:
1. Die e-Funktion ist eine der wichtigsten Funktionen in technischen Anwendungen. Sie kommt überall da ins Spiel, wo Wachstumsvorgänge vorliegen, in denen der Zuwachs einer Größe proportional zu dem aktuellen Zahlenwert dieser Größe ist und wo dieser Zuwachs kontinuierlich stattfindet. Ein solches Wachstumsverhalten nennt man auch *exponentielles Wachstum*.

[1] Leonard Euler, 1707-1783, schweizer Mathematiker, lebte in Basel, St. Petersburg und Berlin.

2. Verwendung findet die e-Funktion u. a. zur Modellierung steil ansteigender Kurven. Als Beispiel sei hier die Kennlinie einer Silizium-Diode N 4448 erwähnt; diese kann durch die Funktion $I = f(U) = \gamma\, e^{\delta\, U} - 1$ beschrieben werden, wobei $\gamma = 40.67286402 \cdot 10^{-9}\, A$, $\delta = 17.7493332\, V^{-1}$ ist. Die e-Funktion wird hier verwendet, um den Zusammenhang zwischen Strom und Spannung zu modellieren.

Die e-Funktion ist streng monoton steigend auf ganz $\mathbb{R}$. Damit ist klar, dass die e-Funktion auch umkehrbar ist; die Umkehrfunktion heißt *natürlicher Logarithmus*[1], $\ln x$, und ist dann auch wieder streng monoton steigend. Die Bildmenge der e-Funktion liest man aus Bild 3.15 als $\exp(\mathbb{R}) = \mathbb{R}_+ \setminus \{0\}$ ab. Es gilt also: $\ln : \mathbb{R}_+ \setminus \{0\} \longrightarrow \mathbb{R}$. Der Graph von ln ist in Bild 3.16 wiedergegeben.

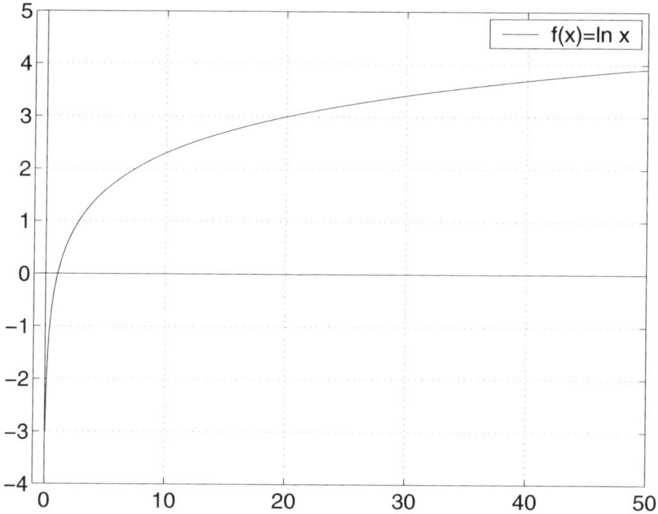

Bild 3.16

Die Werte von ln lassen sich leicht über die Werte der e-Funktion berechnen. Schließlich ist ln die Umkehrfunktion zu exp, es gilt also stets

$$\ln e^x = x \text{ für alle } x \in \mathbb{R};\ e^{\ln x} = x \text{ für alle } x > 0.$$

Man merke sich daher Folgendes:

[1] ln steht für „logarithmus naturalis“.

> $\ln x$ ist die Zahl, mit der man e potenzieren muss, um x zu erhalten.

3.8.1 Rechnen mit Logarithmen

Aus den Potenzrechenregeln, die auch für die e-Funktion Anwendung finden, resultieren Rechenregeln für ln:

Rechenregeln für ln

Es gilt für alle x, $y > 0$:

$$\ln(x \cdot y) = \ln x + \ln y \tag{3.2}$$

$$\ln\left(\frac{x}{y}\right) = \ln x - \ln y \tag{3.3}$$

$$\ln(x^r) = r \cdot \ln x, \quad \text{für alle } r \in \mathbb{R} \tag{3.4}$$

$$\ln(\sqrt[n]{x}) = \frac{1}{n} \cdot \ln x, \quad \text{für alle } n \in \mathbb{N} \tag{3.5}$$

Bemerkungen:
1. Man merke sich auch diese Formeln in Worten:
„Der Logarithmus eines Produkts ist gleich der Summe der Logarithmen."
„Der Logarithmus einer Potenz ist gleich dem Produkt aus dem Exponenten mit dem Logarithmus der Basis."
2. Wir erinnern uns an Kapitel 1: Die Multiplikation ist eine Abkürzung für die Addition, das Potenzieren ist eine Abkürzung für die Multiplikation. Die Logarithmen–Rechnung macht gewissermaßen gerade das Umgekehrte: Ein Produkt wird (mit Hilfe der Logarithmen) zurückgeführt auf eine Summe, eine Potenz auf ein Produkt. Die Benutzung von Logarithmen macht also so manche Rechnung einfacher (natürlich wird sie andererseits etwas komplizierter, weil wir ja die Logarithmen benutzen – es gibt jedoch eine Reihe von Situationen, in denen die Vorteile überwiegen).

Aus den Werten der e-Funktion erhalten wir sofort einige Werte von ln: Wegen $e^0 = 1$ ist $\ln 1 = 0$; wegen $e^1 = e$ ist $\ln e = 1$; wegen $e^{-1} = \frac{1}{e}$ ist $\ln \frac{1}{e} = -1$ usw. Es gilt also:

$$\ln 0 = 1, \ \ln e = 1, \ \ln \frac{1}{e} = -1, \ \ln e^2 = 2, \ \ln \sqrt{e} = 0.5 \tag{3.6}$$

3.8.2 Logarithmische Skalen

Man macht sich manchmal die Eigenschaft der Logarithmen zunutze, indem man den Graph von Funktionen nicht in ein herkömmliches x-y-Koordinatensystem einzeichnet, sondern in ein Koordinatensystem mit logarithmischem Maßstab. Beispielsweise könnten wir auf der y-Achse nicht wie bisher in gleichmäßigen Abständen die Zahlen 1, 2, 3 ... auftragen, sondern – in ebenfalls gleichmäßigen Abständen – die Zahlen 10^1, 10^2, $10^3, \ldots$ Auf den ersten Blick mag das ungewohnt aussehen: Auf der herkömmlichen Skala ist der Abstand von 1 zu 4, wenn man ihn nachmisst, genau $4 - 1 = 3$, und dies ist derselbe Abstand wie von 2 zu 5. Auf der logarithmischen Skala ist der gemessene Abstand von 10^1 zu 10^4 derselbe wie zwischen 10^2 und 10^5. Die Differenzen $10^4 - 10^1$ und $10^5 - 10^2$ sind aber nicht gleich. Auf der logarithmischen Skala entscheiden aber nicht die Differenzen, sondern die Quotienten (siehe Rechenregel (3.3)). In der Tat ist $10^4 : 10^1 = 10^5 : 10^2$.
Der Vorteil einer logarithmischen Skala liegt darin, dass sich in einem solchen Koordinatensystem manche Kurven leichter zeichnen lassen (und „leichter" bedeutet auch „genauer").
Wir haben den Graphen der e-Funktion schon in Bild 3.15 kennen gelernt. Würden wir auf der y-Achse eine logarithmische Skala verwenden, hätten wir den Graphen von $\ln \circ \exp$ aufzutragen, welcher aber eine Gerade ist, siehe die Bilder 3.17 und 3.18.

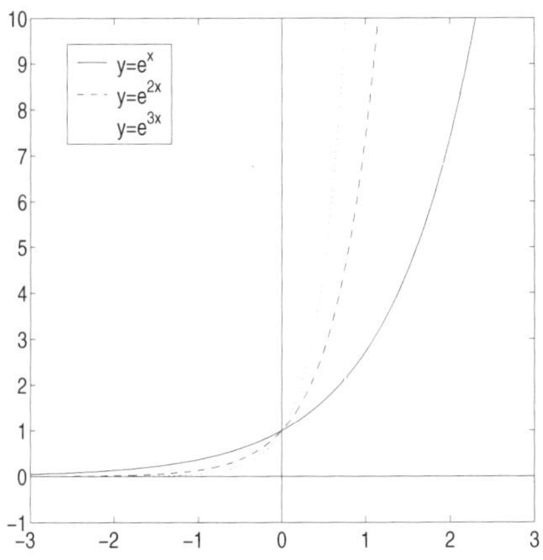

Bild 3.17

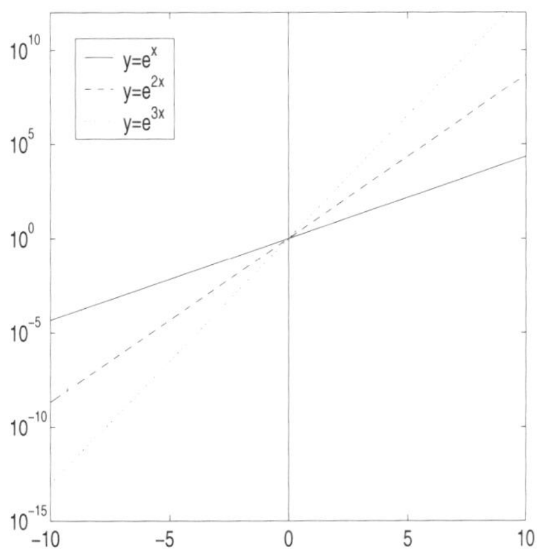

Bild 3.18

Wie schon erwähnt, taucht die e-Funktion in sehr vielen technischen Anwendungen auf. Angenommen, man hätte in einer Versuchsanordnung Messwerte produziert, diese in ein herkömmliches x-y-Koordinatensystem eingezeichnet, und hätte etwas ähnliches wie Bild 3.15 erhalten. Aufgrund von stets vorhandenen Messungenauigkeiten wäre man aber nicht sicher, ob man nun den Graph einer e-Funktion vor sich hat, oder eine andere Kurve, die zwar ähnlich der e-Funktion verläuft, aber eben doch nicht von der e-Funktion stammt. Zeichnet man dagegen die Messwerte in ein Koordinatensystem ein, das auf der y-Achse logarithmisch skaliert ist, so würde man im Falle der e-Funktion ja auf eine Gerade stoßen. Eine Gerade ist aber, auch wenn sie mit Messungenauigkeiten behaftet ist, leicht als solche zu erkennen.
In anderen Situationen kann es auch sinnvoll sein, anstelle der y-Achse die x-Achse logarithmisch zu skalieren, oder sogar beide Achsen. In letzterem Fall spricht man von *doppelt-logarithmischen Skalen.* Wir wollen an dieser Stelle aber nicht weiter darauf eingehen.

3.8.3 Andere Logarithmen als der natürliche

Wir haben bereits die Logarithmus-Funktion ln als Umkehrfunktion der e-Funktion definiert, also als Umkehrung von $\exp : x \mapsto \mathrm{e}^x$. Die Frage liegt nahe, ob man das nicht analog mit anderen Basen als e machen kann. Könnte man beispielsweise auch die Funktion $x \mapsto 10^x$ umkehren und hätte die Umkehrfunktion ähnliche Eigenschaften wie ln? In der Tat ist das möglich.

Die allgemeine Logarithmus-Funktion

Die Funktion $x \mapsto b^x$ mit einer Basis b ($b > 0, b \neq 1$) ist auf ganz $\mathbb{R}$ umkehrbar. Die Umkehrfunktion heißt **Logarithmus zur Basis b**; man schreibt $\log_b : \mathbb{R}_+ \setminus \{0\} \longrightarrow \mathbb{R}$. Für $\log_b$ gelten genau wie für ln die Rechenregeln (3.2) bis (3.5).

Bemerkungen:
1. Der Logarithmus zur Basis e ist der uns schon bekannte natürliche Logarithmus; es gilt also $\log_\mathrm{e} = \ln$. Er heißt „natürlich", da viele natürliche Wachstumsprozesse damit quantitativ beschrieben werden können. Man bezeichnet deswegen aber die anderen Logarithmen nicht als unnatürliche, sondern zunächst einmal als „allgemeine". Spezielle Bezeichnungen gibt es noch für den Logarithmus zur Basis 10, den so genannten *dekadischen Logarithmus*; man schreibt kurz lg anstelle von $\log_{10}$. In der Informatik spielt auch noch der Logarithmus zur Basis 2 eine Rolle; dieser wird *dualer Logarithmus* genannt und man schreibt auch ld anstelle von $\log_2$.

Die Rechenregeln dieser anderen Logarithmen sind zwar die gleichen wie die für ln, aber die Werte sind andere. Analog zu (3.6) haben wir:

$$\lg 0 = 1,\ \lg 10 = 1,\ \lg 0.1 = -1,\ \lg 100 = 2,\ \lg \sqrt{10} = 0.5$$

2. Man kann Logarithmen zu verschiedenen Basen ineinander umrechnen; wir demonstrieren dies am Beispiel des natürlichen und des dekadischen Logarithmus:

$$\ln x = \ln(10^{\lg x}) = \lg x \cdot \ln 10 \quad \text{für alle } x > 0.$$

Wir sehen also, dass sich die Logarithmen zu verschiedenen Basen nur um einen konstanten Faktor unterscheiden; in diesem Fall ist der Faktor ln 10. Es reicht also völlig aus, wenn man mit einem der verschiedenen Logarithmen sicher umgehen kann – kennt man einen, kennt man alle. Aber einer muss es schon sein – ohne solides Verständnis des Logarithmus ist ein erfolgreiches Studium eines technischen Faches nicht möglich.
3. Da sich die Logarithmen zu verschiedenen Basen nur durch eine Skalierung unterscheiden, spielt es auch keine Rolle, welchen Logarithmus man bei einem logarithmischen Koordinatensystem verwendet. Der Graph jeder Funktion $x \mapsto a^x$ erscheint in einem Koordinatensystem mit logarithmischer y-Achse als Gerade. Nur die Steigung der Geraden hängt davon ab, zu welcher Basis der Logarithmus verwendet wurde. In vielen Anwendungen werden logarithmische Skalen verwendet.

Einige Beispiele für die Rechenregeln:

$$\lg \sqrt{0.1} = \lg(10^{-1})^{0.5} = \lg 10^{-0.5} = -0.5$$

$$\lg 5 + \lg 20 \overset{(3.2)}{=} \lg(5 \cdot 20) = \lg 100 = 2$$

$$\ln \mathrm{e} + \ln \frac{1}{\mathrm{e}} \overset{(3.2)}{=} \ln \mathrm{e} \cdot \frac{1}{\mathrm{e}} = \ln 1 = 0$$

$$a^x = \mathrm{e}^{\ln(a^x)} \overset{(3.4)}{=} \mathrm{e}^{x \ln a} \quad \text{für alle } a > 0.$$

Beispiel 3.15

Wie viele Ziffern hat 2^{1000}?

Lösung: Wir wissen, dass $\lg 10^n = n$ und dass 10^n eine 1 mit n Nullen ist, also eine $n+1$-stellige Zahl. Die Zahl $10^n - 1$ besteht aus n Neunen und es gilt aufgrund der strengen Monotonie von lg zum einen $\lg(10^n - 1) < \lg 10^n = n$ und zum anderen $\lg(10^n - 1) > \lg 10^{n-1} = n - 1$. Wir erkennen also:

> Eine natürliche Zahl x hat in Dezimaldarstellung genau $\lfloor \lg x \rfloor + 1$ Ziffern. Hierbei ist $\lfloor \lg x \rfloor$ die natürliche Zahl, die durch Abrunden aus $\lg x$ entsteht (was dasselbe ist wie den Nachkommaanteil auf Null zu setzen).

Aus $\lg 2^{1000} = 1000 \lg 2 = 301.03\ldots$ entnehmen wir dann, dass 2^{1000} eine 302-stellige Zahl ist. ∎

Beispiel 3.16

Lautstärke wird in dB (Dezibel) auf einer logarithmischen Skala gemessen, wobei eine Anhebung des dB-Wertes um 10 dB einer Verstärkung um den Faktor 10 entspricht. Der Hersteller einer Gehörschutzwatte gibt für sein Produkt eine Schalldämpfung um 27 dB an. Um welchen Faktor dämpft die Watte die Lautstärke?

Lösung: Da sich die verschiedenen Logarithmen nur um einen Faktor unterscheiden, arbeiten wir einfach mit dem dekadischen Logarithmus lg und einer Konstante c: Eine Lautstärke y hat in dB den Wert $x = c \lg y$ in dB. Nach obigen Angaben hat dann die 10fache Lautstärke, also $10\,y$, einen dB-Wert von $x + 10 = c \lg(10\,y)$. Wir erhalten damit, unter Verwendung von Rechenregel (3.2):

$$x + 10 = c \lg(10\,y) = c\,(\lg 10 + \lg y) = c \lg 10 + c \lg y = c \lg 10 + x = c + x;$$

es muss also $c = 10$ sein. Eine Anhebung des dB-Werts um -27 bedeutet eine Verstärkung um einen gesuchten Faktor λ, wobei gelten muss

$$x - 27 = c \lg(\lambda\,y) = c \lg \lambda + c \lg y = c \lg \lambda + x,$$

was auf $-27 = c \lg \lambda = 10\,\lambda$ führt.
Also: $\lg \lambda = -2.7$, also $\lambda = 10^{-2.7} = \frac{1}{501.18\ldots}$. Die Gehörschutzwatte dämpft somit die Lautstärke um den Faktor etwa 501. ∎

Bemerkung: Hätte man in obigem Beispiel anstelle des dekadischen Logarithmus lg mit dem natürlichen Logarithmus ln oder mit einem beliebigen log, gerechnet, so würde man dasselbe Endergebnis erhalten. In der Rechnung würde sich ein anderer Wert für c ergeben, aber dieser beeinflusst das Endergebnis λ nicht.

Beispiel 3.17

Ein Kapital K wird mit einem jährlichen Zinssatz von 3 % verzinst. Nach wie vielen Jahren hat sich das Kapital verdoppelt?

Lösung: Nach n Jahren haben wir (siehe die Erläuterungen zu Beginn des Abschnitts 3.8) ein Kapital von $K\,(1+0.03)^n$ angesammelt (wir erinnern uns: % bedeutet nichts anderes als ein Faktor von 0.01). Eine Verdopplung des Kapitals liegt also vor, wenn dieses $2\,K$ ist, also wenn $(1+0.03)^n = 2$ ist. Wir erhalten n unter Verwendung von Rechenregel (3.4) wie folgt:

$$(1+0.03)^n = 2 \iff n\log(1+0.03) = \log 2 \iff n = \frac{\log 2}{\log(1.03)} \approx 23.45$$

Das Kapital hat sich also nach etwa 23.45 Jahren verdoppelt. ■

Bemerkung: Auch in diesem Beispiel könnten wir einen beliebigen Logarithmus verwenden – in der Tat haben wir in der Rechnung auch log geschrieben. Überzeugen Sie sich bitte eigenhändig mit dem Taschenrechner davon, dass die Verwendung von ln oder lg zum gleichen Endergebnis führt.

In obigem Beispiel erkennt man, dass die Verdopplungszeit unabhängig vom Kapital ist. Egal wie groß das Kapital ist, es verdoppelt sich in 23.45 Jahren. Dieses Phänomen ist charakteristisch für exponentielles Wachstum, d. h. für das Wachstumsverhalten der e-Funktion.
Bei einem exponentiellen Wachstumsvorgang $y(t) = a\,e^{c\,t}$, wobei t für die Zeit steht und $a > 0$ ist, bezeichnet man $c > 0$ als die *Wachstumsrate*. Sei nun t_1 ein beliebiger Zeitpunkt. Wir suchen nun einen Zeitpunkt $t_2 > t_1$, bis zu dem eine Verdoppelung eingetreten ist. Die Bedingung an t_2 lautet also $y(t_2) = 2\,y(t_1)$. Daraus können wir $t_2 - t_1$ bestimmen:

$$y(t_2) = 2\,y(t_1) \iff a\,e^{c\,t_2} = 2\,a\,e^{c\,t_1} \iff \frac{e^{c\,t_2}}{e^{c\,t_1}} = 2 \iff e^{c\,(t_2-t_1)} = 2$$

Daraus können wir den Zeitraum $t_2 - t_1$, in dem eine Verdoppelung stattfindet, bestimmen als $t_2 - t_1 = \frac{\ln 2}{c}$. Man erkennt, dass dieser Zeitraum nur von der Wachstumsrate c abhängt. Wenn $c < 0$ ist, liegt kein Wachstum, sondern Zerfall vor (Aus mathematischer Sicht ist Zerfall nichts anderes als negatives Wachstum). Man bezeichnet c dann auch als *Zerfallsrate*. In diesem Fall können wir die obige Rechnung mit 0.5 anstelle von 2 wiederholen und erhalten $t_2 - t_1 = \frac{\ln 0.5}{c} = -\frac{\ln 2}{c} > 0$. $t_2 - t_1$ ist dann der Zeitraum, in dem eine Halbierung stattfindet. Wir halten fest:

> Sei $a > 0$.
> Bei exponentiellem Wachstum $y(t) = a\,\mathrm{e}^{c\,t}$ mit Wachstumsrate $c > 0$ verdoppelt sich $y(t)$ in einem Zeitraum von $\frac{\ln 2}{c}$.
> Bei exponentiellem Zerfall $y(t) = a\,\mathrm{e}^{c\,t}$ mit Zerfallsrate $c < 0$ halbiert sich $y(t)$ in einem Zeitraum von $-\frac{\ln 2}{c}$. Diesen Zeitraum bezeichnet man auch als *Halbwertszeit.*

Aufgaben

3.13 Vereinfachen Sie folgende Ausdrücke – ohne Taschenrechner:
$\lg 4 + 2\lg 5$, $\mathrm{e}^{5\ln 2}$, $\lg 3000 - \lg 3$.

3.14 Leiten Sie (3.3) aus (3.2) und (3.4) her.

3.15 Finden Sie den Fehler in folgender Rechnung[1]: $\mathrm{e}^{0.5(\ln x)^2} = x$, denn:
$\mathrm{e}^{0.5(\ln x)^2} = \left(\mathrm{e}^{(\ln x)^2}\right)^{0.5} = \mathrm{e}^{(\ln x)^{2\cdot 0.5}} = \mathrm{e}^{\ln x} = x$.

3.16 Mit der Richter-Skala wird die Stärke von Erdbeben als der dekadische Logarithmus des Ausschlags eines Seismogramms gemessen. Das große Erdbeben in San Francisco 1906 hatte auf dieser Skala eine Stärke von 8.25, das Erdbeben von Loma Prieta (Santa Cruz) 1989 eine Stärke von 7.1. Um welchen Faktor war das Erdbeben von San Francisco stärker als das von Loma Prieta?

3.17 In der Chemie ist der pH-Wert definiert als der negative dekadische Logarithmus der Hydroniumionen-Konzentration $[H_3O^+]$.
a) Wie ändert sich der pH-Wert einer Flüssigkeit, wenn die Hydroniumionenkonzentration um den Faktor 150 erhöht wird?
b) Der Farbstoff Thymolblau wird als Indikator für den pH-Wert verwendet. Eine damit gefärbte Flüssigkeit erscheint im pH-Wert-Bereich von 2 bis 9 gelb, oberhalb eines pH-Wertes von 9 dagegen blau. Wasser hat als neutrale Flüssigkeit einen pH-Wert von 7. Wie muss die Hydroniumionenkonzentration von mit Thymolblau gefärbtem Wasser verändert werden, damit ein Farbumschlag nach blau auftritt?

3.18 Viele Drogen werden im Blut vom Körper exponentiell abgebaut. Der Anteil im Blut verhält sich also gemäß $y(t) = a\,\mathrm{e}^{c\,t}$ mit $c < 0$, $a > 0$.
a) Die Halbwertszeit von Morphium im Blut ist 3 Stunden. Berechnen Sie die Zerfallsrate c. Welche Einheit hat c?
b) Die Halbwertszeit von Nikotin im Blut ist 2 Stunden. Wie hoch ist der Nikotin-Gehalt im Blut nach einem 6-stündigen Nichtraucherflug?

[1] Einer studentischen Klausur entnommen

Wahr oder falsch?

3.19 Eine Funktion erkennt man daran, dass zu jedem y-Wert nur genau ein x-Wert mit $f(x) = y$ existiert.

3.20 Jede Gerade lässt sich in der Form $y = a\,x + b$ schreiben.

3.21 Auch Polynome sind rationale Funktionen.

3.22 Eine rationale Funktion mit nicht konstantem Nenner ist nie auf ganz $\mathbb{R}$ definiert, sondern hat immer Definitionslücken.

3.23 Die Funktion $f : x \mapsto 3^x + 5 \cdot 2^x$ ist ein Polynom vom Grad x.

3.24 Ein Polynom, in dem nur Potenzen von x mit geradem Exponenten vorkommen, ist eine gerade Funktion.

3.25 ln ist auf ganz $\mathbb{R}$ definiert wie die e-Funktion.

3.26 ln ist streng monoton steigend, wie die e-Funktion.

3.27 Es gilt $\ln 1 = \mathrm{e}$ und $\ln 0 = 1$.

Zusammenfassung

In diesem Kapitel haben wir

- gelernt, dass Funktionen Zuordnungen sind,
- den Unterschied zwischen f und $f(x)$ verstanden,
- Graphen von Funktionen zur Veranschaulichung schätzen gelernt,
- gesehen, wie man in einer komplexeren Funktionsvorschrift die darin enthaltenen elementaren Funktionen erkennt,
- die Nützlichkeit von Translationen, Skalierungen und Spiegelungen erkannt,
- Potenz-, Wurzel-, Betragsfunktion und ihre Graphen kennen gelernt,
- uns intensiv mit den wichtigen Funktionen exp und ln befasst,
- und erkannt:

> Mit der Gleichung $x^y = z$ sind drei Fragestellungen möglich:
> - x, y gegeben, z gesucht: Verwende Potenzrechnung,
> - y, z gegeben, x gesucht: Verwende Wurzeln,
> - x, z gegeben, y gesucht: Verwende Logarithmen.

4 Lösen von Gleichungen und Ungleichungen

4.1 Grundlegendes zu Gleichungen

Eine Gleichung erkennt man – daher der Name – am Gleichheitszeichen. Auch $3 = 5$ ist eine Gleichung (aber eine langweilige). Interessanter ist eine Gleichung, wenn sie eine oder mehrere unbekannte Größen enthält. Die Aufgabe besteht dann darin, die Unbekannte(n) so zu bestimmen, dass die Gleichung eine wahre Aussage wird. Natürlich kann es mehrere Werte der Unbekannten geben, die diese Bedingung erfüllen. Wir betrachten zunächst Gleichungen mit einer Unbekannten.

Definition

Unter einer **Gleichung** mit einer Unbekannten versteht man eine Aussageform vom Typ $f(x) = 0$, wobei $f : D \longrightarrow \mathbb{R}$ eine Funktion mit Definitionsbereich $D \subseteq \mathbb{R}$ ist. $x \in D$ mit $f(x) = 0$ heißt **Nullstelle** von f. Die **Lösungsmenge** dieser Gleichung ist

$$\mathbb{L} := \{x \in D \mid f(x) = 0\}.$$

Die Lösungsmenge ist also die Menge aller Nullstellen von f.

Bemerkungen:
1. Nach unserer Definition muss auf einer Seite der Gleichung die Zahl 0 stehen. Man kann aber auch andere Aussageformen vom Typ $f(x) = g(x)$ mit Funktionen f und g betrachten; diese sind äquivalent zu $f(x) - g(x) = 0$ und bilden daher keinen wirklich neuen Typ von Gleichung. Wir werden daher im Folgenden auch $f(x) = g(x)$ als Gleichung bezeichnen.
2. Die Stellen x, für die $f(x) = 0$ gilt, sind die Stellen auf der x-Achse, in denen der Graph von f die x-Achse schneidet. Die Lösungsmenge von $f(x) = 0$ ist also die Menge der x-Werte, in denen der Graph von f die x-Achse schneidet.

Eine der fundamentalen Aufgabenstellungen in quantitativen Disziplinen ist es, die Lösungsmenge einer Gleichung $f(x) = 0$ zu bestimmen. Dazu ist es nötig, äquivalente Umformungen der Aussageform $f(x) = 0$ vorzunehmen, um die Variable x zu bestimmen. Es sind also Umformungen gesucht, so dass

$$f(x) = 0 \iff \ldots \iff \ldots \iff \ldots \iff x = \ldots$$

Die Anwendung der nötigen Umformungen nennt man auch das *Auflösen nach x* oder auch das *Umstellen nach x*. Die Fähigkeit eine Gleichung zu lösen erfordert, diese Umformungen – und damit letztlich die Lösung(en) – zu finden. Dazu ist es nötig, eine Reihe von Techniken und Tricks zu kennen und – viel zu üben. Dies ist das Ziel dieses Kapitels.
Man beachte in der obigen Umformungskette die Äquivalenz-Zeichen ($\iff$). Diese dienen nicht der Dekoration, sondern garantieren, dass die Lösungsmenge durch die Umformungen in keinster Weise verändert wird.

Beispiel 4.1

Angenommen, wir haben folgende Umformungen vorliegen:

$$f(x) = 0 \iff \ldots \iff \ldots \iff \ldots \iff x = 5 \vee x = 3.$$

Was ist die Lösungsmenge von $f(x) = 0$? Was lässt sich über die Lösungsmenge sagen, wenn anstelle eines der $\iff$ -Zeichen
a) ein $\Longrightarrow$ -Zeichen b) ein $\Longleftarrow$ -Zeichen
stehen würde?

Lösung: Wenn alle Aussagen mit $\iff$ verbunden sind, bleibt die Lösungsmenge unverändert. Die Lösungsmenge von $x = 5 \vee x = 3$ ist $\mathbb{L} = \{3, 5\}$, also hat jede dazu äquivalente Aussageform dieselbe Lösungsmenge. Demnach hat auch $f(x) = 0$ die Lösungsmenge $\mathbb{L} = \{3, 5\}$.
Zu a): Wir wissen also nur $f(x) = 0 \Longrightarrow x = 5 \vee x = 3$. In Worten: *Wenn* $f(x) = 0$ gilt, *dann* auch $x = 5 \vee x = 3$. Die Lösungen von $f(x) = 0$ *können also nur* $x = 5$ oder $x = 3$ sein, sie *müssen* es aber nicht sein! $x = 5$ und $x = 3$ sind also die einzigen Kandidaten, die als Lösung in Frage kommen. Ob sie wirklich Lösungen sind, kann einfach nachgeprüft werden, indem man $f(5)$ und $f(3)$ ausrechnet und prüft, ob man 0 erhält. Mit anderen Worten, man *macht die Probe.* In diesem Fall dient die Probe nicht (allein) dazu zu prüfen, ob man richtig gerechnet und umgeformt hat, sondern sie filtert aus den Kandidaten für die Lösung die wirklichen Lösungen heraus. Die Probe *muss* erfolgen.
Zu b): Wir wissen also nur $f(x) = 0 \Longleftarrow x = 5 \vee x = 3$. In Worten: *Wenn* $x = 5 \vee x = 3$ gilt, *dann* auch $f(x) = 0$. Anders ausgedrückt: $x = 5$ und $x = 3$ sind also beide(!) Lösungen von $f(x) = 0$. Es ist aber nicht gesagt, dass es keine weiteren Lösungen gibt. Dazu wären weitere Betrachtungen nötig, die so allgemein nicht beschrieben werden können (da sie vom Typ von $f(x)$ abhängen).
Zusammengefasst: Im Fall a) wissen wir nur $\mathbb{L} \subseteq \{3, 5\}$, im Fall b) nur $\{3, 5\} \subseteq \mathbb{L}$. In beiden Fällen ist also $\mathbb{L}$ gar nicht bestimmt worden. ■

Aus obigen Überlegungen lernen wir:

> Zur Bestimmung der Lösungsmenge einer Gleichung sind Äquivalenzumformungen ($\iff$) nötig. Hat man dagegen auch Folgerungen ($\implies$) vorgenommen, ist die Probe notwendig.

Wir werden zunächst lernen, einfache Gleichungen zu lösen und schrittweise zu komplizierteren voran schreiten. Zunächst stellen wir das Handwerkszeug bereit – die folgenden Regeln sind im Prinzip alles, was wir brauchen.

Rechenregeln für Gleichungen

Für alle a, b, c gilt:

$$a + c = b + c \iff a = b \tag{4.1}$$

$$a \cdot c = b \cdot c \iff a = b \quad \text{falls } c \neq 0 \tag{4.2}$$

$$a \cdot b = 0 \iff a = 0 \quad \text{oder } b = 0. \tag{4.3}$$

Wir können also auf beiden Seiten einer Gleichung denselben Term addieren oder subtrahieren, ohne die Lösungsmenge zu verändern. Dasselbe gilt für Multiplizieren oder Dividieren, solange der Term nicht 0 ist. Ein einfaches Beispiel: Wir wollen $5\,x = 10$ lösen. Die Anwendung von (4.2) mit $c = \frac{1}{5}$ ergibt: $5\,x = 10 \iff x = \frac{10}{5} = 2$. Die Lösungsmenge ist also: $\mathbb{L} = \{2\}$.

4.2 Lineare Gleichungen

Hierunter verstehen wir Gleichungen, in denen die Unbekannte x nur in der ersten Potenz, also in der Form x^1 vorkommt, und nicht im Nenner eines Bruches oder unter einer Funktion f. Mit anderen Worten: Wir suchen Nullstellen von Polynomen ersten Grades. Konkret geht es also um Gleichungen vom Typ $a\,x = b$, wobei a und b bekannt sind und x gesucht ist. Wir haben schon gesehen, dass diese Gleichung im Fall $a \neq 0$ eine eindeutige Lösung $x = \frac{b}{a}$ besitzt. Es kann auch passieren, dass die Gleichung noch nicht in schön sortierter Form vorliegt: Hat man beispielsweise die Gleichung $3\,x - 3 = 7 - 2\,x$ zu lösen, so bringt man mit Regel (4.1) zunächst alle Ausdrücke mit x auf eine Seite und alle Ausdrücke ohne x auf die andere. Konkret:

$$\begin{aligned} 3\,x - 3 = 7 - 2\,x &\iff 3\,x - 3 + 2\,x = 7 \\ &\iff 3\,x + 2\,x = 7 + 3 \iff 5\,x = 10 \iff x = 2. \end{aligned}$$

Wir verzichten auf weitere Beispiele dieser Art, um nicht zu langweilen.

4.3 Gleichungen mit Brüchen

Hiermit meinen wir Gleichungen, in denen die Unbekannte x im Nenner eines Bruches (und vielleicht auch noch im Zähler) vorkommt. Beispiel: $\frac{x+52}{x+2} = 11$. Hier wird man – mittels Regel (4.2) – sofort mit dem Nenner (dieser darf aber nicht Null sein) multiplizieren. Dann verschwindet der Bruch und wir sind wieder in vertrauten Gefilden:

$$\frac{x+52}{x+2} = 11 \iff x + 52 = 11\,(x+2)$$
$$\iff x + 52 = 11\,x + 22 \iff -10\,x = -30 \iff x = 3.$$

Übrigens sieht man von Anfang an, dass $x = -2$ als Lösung nicht in Frage kommt, weil die Ausgangsgleichung für $x = -2$ nicht definiert ist (es würde 0 im Nenner stehen, was unter keinen Umständen erlaubt ist (siehe Kapitel 1)). Wenn man die Gleichung nach x aufgelöst hat, ist also noch zu prüfen, ob die Ausgangsgleichung für das gefundene x überhaupt definiert ist. Ein einfaches Beispiel:

$$\frac{6\,x-24}{x-4} = 4 \iff 6\,x - 24 = 4\,(x-4) \iff 2\,x - 8 = 0 \iff x = 4.$$

Für $x = 4$ würde der Nenner der Ausgangsgleichung aber 0 werden. Da die einzig mögliche Lösung gar keine ist, ist die Gleichung unlösbar, es gilt $\mathbb{L} = \emptyset$. Natürlich kann man das auch der Anfangsgleichung schon ansehen, denn $6\,x - 24 = 6\,(x-4)$, so dass nach Kürzen die Ausgangsgleichung $6 = 4$ lautet, welche nicht lösbar ist (denn für kein x dieser Welt wird aus $6 = 4$ eine wahre Aussage). Man darf also auch bei erfolgreichem Auflösen nach der Unbekannten nie vergessen zu prüfen, ob die ursprüngliche Gleichung überhaupt für die gefundenen Werte definiert ist.

> Als Lösung einer Gleichung kommen nur Werte in Frage, für die die ursprüngliche Gleichung definiert ist.

4.4 Gleichungen mit Beträgen

In den bisherigen Gleichungen haben wir immer genau eine Lösung gefunden. Das lag daran, dass wir Nullstellen von Polynomen vom Grad 1 bestimmt haben und solche Polynome ja umkehrbar sind – es gibt dann nur genau ein Urbild zum Funktionswert 0. Die Betragsfunktion ist aber nicht umkehrbar, daher müssen wir uns nun darauf einstellen, mehrere Lösungen zu erhalten.

Beispielsweise hat die Gleichung $|x| = 2$ zwei Lösungen; es gilt $\mathbb{L} = \{-2, 2\}$. Es muss aber nicht immer zwei Lösungen geben: Für $|x - 5| = 0$ ist $\mathbb{L} = \{5\}$ und für $|x - 4| = -3$ ist $\mathbb{L} = \emptyset$. Die Grundregel dabei ist:

> Sei f eine Funktion, $c > 0$ eine Konstante. Dann gilt:
>
> $$|f(x)| = c \iff f(x) = c \lor f(x) = -c. \qquad (4.4)$$

Damit haben wir eine Gleichung mit Beträgen zurückgeführt auf zwei Gleichungen ohne Beträge. Letztere können wir wie schon besprochen lösen und erhalten zunächst zwei Lösungsmengen: $\mathbb{L}_1$ für $f(x) = c$ und $\mathbb{L}_2$ für $f(x) = -c$. Da $f(x) = c$ und $f(x) = -c$ durch ein logisches „oder" verbunden sind, ist die Lösungsmenge der „oder"-Aussageform die Vereinigung der beiden Lösungsmengen: $\mathbb{L} = \mathbb{L}_1 \cup \mathbb{L}_2$.

Beispiel 4.2

Zu lösen ist $|2x + 3| = 5$.

Lösung: Wir gehen gemäß obiger Regel zu zwei Gleichungen ohne Beträge: $|2x + 3| = 5 \iff 2x + 3 = 5 \lor 2x + 3 = -5$. Wir behandeln die letzten beiden Gleichungen getrennt: $2x + 3 = 5 \iff x = 1$, also $\mathbb{L}_1 = \{1\}$. $2x + 3 = -5 \iff x = -4$, also $\mathbb{L}_2 = \{-4\}$. Insgesamt erhalten wir also $\mathbb{L} = \mathbb{L}_1 \cup \mathbb{L}_2 = \{-4, 1\}$. ■

Bemerkungen:
1. In (4.4) ist $c > 0$ vorausgesetzt. Für $c < 0$ ist $|f(x)| = c$ nicht lösbar, also $\mathbb{L} = \emptyset$, weil $|y| \geq 0$ gilt für alle $y \in \mathbb{R}$. Falls $c = 0$ ist, so gilt $|f(x)| = 0 \iff f(x) = 0$, und wir haben nur eine Gleichung ohne Beträge zu lösen.
2. Bei dieser Gelegenheit sei davor gewarnt, anzunehmen, dass eine Konstante der Form $-c$ negativ sei, weil „sie irgendwie negativ aussieht". Im Fall $c < 0$ ist natürlich $-c$ positiv.

Beim Manipulieren an Ausdrücken innerhalb von Betragsstrichen ist größte Sorgfalt angeraten. Für die Betragsfunktion gelten nur ganz wenige Rechenregeln, und diese helfen beim Lösen von Gleichungen nur in Ausnahmefällen.

Rechenregeln für den Absolutbetrag

Es gilt für alle $x,\ y \in \mathbb{R}$:
- $|x| \geq 0$ und $|x| = 0 \iff x = 0$
- $|x| = |-x|$ und $|x \cdot y| = |x| \cdot |y|$.
- $|x+y| \leq |x| + |y|$ („Dreiecksungleichung“)
- $|x-y| \leq |x| + |y|$
- $\Big||x| - |y|\Big| \leq |x-y|, \quad \Big||x| - |y|\Big| \leq |x+y|$.

Insbesondere gilt für alle x, y mit $x\,y < 0$: $|x+y| \neq |x| + |y|$.

Bemerkungen:
1. Der Ausdruck $|x-y|$ stellt den Abstand der Zahlen x und y auf der Zahlengeraden dar. Dies ist eine nützliche Vorstellung, die die Eigenschaften der Betragsfunktion klar werden lässt, ohne dass man rechnen muss. $|x|$ steht dann für den Abstand zur 0. Damit ist auch sofort klar, dass $|x-y|$ nicht gleich $|x| + |y|$ zu sein braucht: Wäre $|x-y| = |x| + |y|$, so wäre der Abstand von x zu y gleich dem Abstand von x zur 0 plus dem von y zu 0. Dies ist schon für $x = 8,\ y = 5$ nicht der Fall: $|x-y| = 3,\ |x| + |y| = 13$. Ebenso ist $|x+y| \neq |x| + |y|$ für $x = 8,\ y = -5$.
2. Beim Produkt (und damit auch beim Quotienten) kann man den Betrag auseinanderziehen; es gilt $\frac{|x|}{|y|} = |\frac{x}{y}|$, siehe folgendes Beispiel.

Beispiel 4.3

Zu bestimmen sind alle $x \in \mathbb{R}$, für die $|2\,x-6| = |4-5\,x|$ gilt.

Lösung: Für $x = 0.8$ ist die Gleichung offensichtlich nicht erfüllt; wir können daher ohne Lösungen zu verlieren $x \neq 0.8$ annehmen und durch $|4-5\,x| \neq 0$ dividieren. Wir haben damit:

$$
\begin{aligned}
|2\,x-6| = |4-5\,x| &\iff \left|\frac{2\,x-6}{4-5\,x}\right| = 1 \\
&\iff \frac{2\,x-6}{4-5\,x} = 1 \vee \frac{2\,x-6}{4-5\,x} = -1 \iff x = \frac{10}{7} \vee x = -\frac{2}{3}.
\end{aligned}
$$

Die Lösungsmenge lautet also $\mathbb{L} = \{\frac{10}{7},\ -\frac{2}{3}\}$. ∎

Aufgabe

4.1 Bestimmen Sie jeweils die Lösungsmenge folgender Gleichungen:

a) $|5\,x-9|=4$ b) $|4\,x-7|=7$ c) $|-4\,x-7|=7$

d) $|4\,x+8|=0$ e) $\dfrac{|x+2|}{|x+5|}=3$ f) $\dfrac{|2\,x-5|}{|3\,x+10|}=4$ g) $|4\,x+7|=-7$

h) $|3\,x+7|=2\cdot|x-6|$ i) $|-4\,x+3|=3\cdot|2\,x+6|$

4.5 Quadratische Gleichungen

Hierunter verstehen wir Gleichungen der Form

$$a\,x^2+b\,x+c=0, \quad \text{mit } a\neq 0.$$

Wir suchen also Nullstellen von Polynomen vom Grad 2. Mit Division durch a können wir äquivalent übergehen zu $x^2+p\,x+q=0$, wobei $p=\frac{b}{a}$, $q=\frac{c}{a}$. Wir benutzen die quadratische Ergänzung (siehe Kapitel 1) und erhalten

$$x^2+p\,x+q=0 \iff \left(x+\frac{p}{2}\right)^2+q-\frac{p^2}{4}=0 \iff \left(x+\frac{p}{2}\right)^2=\frac{p^2-4\,q}{4}.$$

Wir sehen, dass diese Gleichung genau dann lösbar ist, wenn $p^2-4\,q\geq 0$ ist. Ist dies der Fall, so können wir weiter vorgehen, indem wir auf beiden Seiten die Wurzel ziehen:

$$\begin{aligned}
\left(x+\frac{p}{2}\right)^2=\frac{p^2}{4}-q \quad &\iff \quad |x+\frac{p}{2}|=\sqrt{\frac{p^2}{4}-q}\\
\iff \quad x+\frac{p}{2}=\sqrt{\frac{p^2}{4}-q} \quad &\vee \quad x+\frac{p}{2}=-\sqrt{\frac{p^2}{4}-q}\\
\iff \quad x=-\frac{p}{2}+\sqrt{\frac{p^2}{4}-q} \quad &\vee \quad x=-\frac{p}{2}-\sqrt{\frac{p^2}{4}-q}\\
\iff: \quad x=-\frac{p}{2}\pm\sqrt{\frac{p^2}{4}-q}.&
\end{aligned}$$

In der letzten Zeile haben wir eine neue Schreibweise eingeführt. $\pm$ dient als Abkürzung für die beiden Möglichkeiten, d. h.: $a=\pm b :\iff a=b\vee a=-b$. Man beachte, dass im Fall $\frac{p^2}{4}-q=0$ beide Varianten zusammenfallen.

Satz (p-q-Formel)

Die quadratische Gleichung $x^2 + p\,x + q = 0$ hat die Lösungsmenge

$$\mathbb{L} = \begin{cases} \emptyset & \text{falls } \frac{p^2}{4} - q < 0 \\ \left\{-\frac{p}{2}\right\} & \text{falls } \frac{p^2}{4} - q = 0 \\ \left\{-\frac{p}{2} + \sqrt{\frac{p^2}{4} - q},\ -\frac{p}{2} - \sqrt{\frac{p^2}{4} - q}\right\} & \text{falls } \frac{p^2}{4} - q > 0 \end{cases}$$

Auch Gleichungen ohne Quadrate, aber mit Brüchen, können auf quadratische Gleichungen führen. Wir erinnern uns, dass man bei Gleichungen mit Brüchen am besten zuerst nacheinander mit den Nennern multipliziert.

Beispiel 4.4

Zu lösen ist $\dfrac{13}{2\,x-7} + \dfrac{16}{x+4} = 15.$

Lösung: Wir multiplizieren zuerst mit beiden Nennern nacheinander und lösen dann die entstehende quadratische Gleichung:

$$\begin{aligned} \frac{13}{2\,x-7} + \frac{16}{x+4} = 15 &\iff 13 + \frac{16\,(2\,x-7)}{x+4} = 15\,(2\,x-7) \\ &\iff 13\,(x+4) + 16\,(2\,x-7) = 15\,(2\,x-7)\,(x+4) \\ &\iff 45\,x - 60 = 15\,(2\,x^2 + x - 28) \\ &\iff 3\,x - 4 = 2\,x^2 + x - 28 \iff 2\,x^2 - 2\,x - 24 = 0 \\ &\iff x^2 - x - 12 = 0 \iff (x-4)\,(x+3) = 0 \iff x \in \{4,\ -3\}. \end{aligned}$$

Die Lösungsmenge ist also $\mathbb{L} = \{4,\ -3\}$. Die Gleichung $x^2 - x - 12 = 0$ hätten wir auch mit quadratischer Ergänzung oder mit der p-q-Formel lösen können, wir haben hier aber einfach mit dem Satz von Vieta den Ausdruck faktorisiert (siehe Beispiel 1.5). Die Faktorisierung liefert mit Regel (4.3) sofort die Nullstellen, denn
$(x-4)\,(x+3) = 0 \iff x - 4 = 0 \vee x + 3 = 0 \iff x = 4 \vee x = -3.$ ■

Bemerkung: Es gibt zwei Gründe, nacheinander, also in getrennten Schritten, mit den Nennern zu multiplizieren: Zum einen ist das Umformen in zwei kleinen Schritten weniger fehleranfällig als das Umformen in einem größeren Schritt. Zum anderen stellt sich vielleicht nach einem Schritt heraus, dass das Multiplizieren mit dem zweiten Nenner gar nicht mehr nötig ist.

Beispiel 4.5

Zu lösen ist $\dfrac{6}{x^2-9}+\dfrac{1}{x+3}=1.$

Lösung: Wir multiplizieren zunächst mit x^2-9:

$$\frac{6}{x^2-9}+\frac{1}{x+3}=1 \iff 6+\frac{x^2-9}{x+3}=x^2-9 \iff 6+x-3=x^2-9$$
$$\iff x^2-x-12=0 \iff (x-4)(x+3)=0 \iff x=4 \vee x=-3.$$

Glücklicherweise haben wir sofort nach dem Multiplizieren mit x^2-9 erkannt, dass man aufgrund der dritten binomischen Formel kürzen kann. Hätten wir das nicht erkannt, und dann mit $x+3$ multipliziert, so hätten wir zwar die Lösungsmenge nicht verändert, aber auf der rechten Seite ein Polynom vom Grad 3 erhalten. Wir hätten dann eine Nullstelle eines Polynoms dritten Grades bestimmen müssen – ein ungleich schwierigeres Problem. So hätten wir die Nullstellen gar nicht finden können – der geübte Blick lässt uns aber solche unnötigen Komplikationen vermeiden.
Wir sind noch nicht fertig: Bei der Probe stellt man fest, dass $x=-3$ gar keine Lösung ist. $x=-3$ lässt sich sogar nicht in die ursprüngliche Gleichung einsetzen (da der Nenner nicht definiert wäre). Wie kann das sein, wenn doch alle Gleichungen, die bei den Umformungen auftreten, äquivalent sind? Nun, wenn wir auf Regel (4.2) schauen, sehen wir, dass die Äquivalenz nur gilt, wenn der Faktor, mit dem die Gleichung multipliziert wird, nicht 0 ist. In unserem Fall ist der Faktor x^2-9, welcher aber 0 ist für $x=-3$. Daher ist eine Überprüfung der durchgeführten Umformungen oder die Probe stets sinnvoll. ∎

Aufgabe

4.2 Bestimmen Sie jeweils die Lösungsmenge der folgenden Gleichungen. Benutzen Sie zur Lösung der auftretenden quadratischen Gleichungen sowohl die quadratische Ergänzung als auch die p-q-Formel und die Faktorisierung nach Vieta – auf diese Weise überprüfen Sie gleichzeitig Ihr Ergebnis auf Richtigkeit. Machen Sie außerdem die Probe oder überprüfen Sie, ob Ihre Umformungen wirklich äquivalent sind.

a) $\frac{1}{8-x} - \frac{1}{x-2} = \frac{1}{4}$ b) $\frac{162}{5x-2} - \frac{95}{-4+3x} = -1$

c) $-\frac{33}{2x-3} + \frac{259}{6x-5} = 4$ d) $\frac{455}{4x-3} - \frac{174}{2x-5} = 1$

e) $\frac{8}{x^2-4x+4} + \frac{2}{x-2} = 1$ f) $\frac{4}{x-4} + \frac{3}{x^2-16} + \frac{2}{x+4} = 1$

4.6 Gleichungen mit Quadratwurzeln

Wenn die Unbekannte x unter der Wurzel vorkommt, hat man im Allgemeinen nur eine Chance an x zu kommen, wenn man das Wurzelzeichen auflösen kann. Wir erinnern uns: Es gilt so gut wie immer $\sqrt{a+b} \neq \sqrt{a} + \sqrt{b}$, so dass wir nicht nach x auflösen können, solange das Wurzelzeichen über ihm steht. Das Wurzelzeichen können wir nur durch Quadrieren los werden. Dabei muss darauf geachtet werden, dass auf einer Seite der Gleichung *nur ein* Wurzelzeichen steht. Außerdem gibt es noch eine weitere Schwierigkeit: Quadrieren ist *keine* Äquivalenzumformung. Es gilt nicht allgemein: $x = y \iff x^2 = y^2$. Beispiel: Es gilt $3^2 = (-3)^2$, aber $3 \neq -3$. Vielmehr gilt:

> Quadrieren ist keine Äquivalenzumformung.
> Es gilt für alle x, y: $x = y \Longrightarrow x^2 = y^2$.
> Es gibt x, y mit $x^2 = y^2 \not\Longrightarrow x = y$.
> Es gilt aber für alle x, y:
> $$x^2 = y^2 \iff |x| = |y| \tag{4.5}$$

Eine weitere Besonderheit ist beim Umgang mit Wurzeln in Gleichungen zu beachten. Wir haben bei den Gleichungen mit Brüchen schon gesehen, dass für die durch Umformen gefundenen Werte die ursprüngliche Gleichung nicht definiert sein muss. Bei Brüchen fallen dabei nur einzelne Werte aus der Rechnung, nämlich die Werte, für die die Nenner 0 werden. Im Falle von Wurzeln müssen die Ausdrücke unter der Wurzel positiv sein. Schauen wir uns nun in einem Beispiel an, welche Auswirkungen diese Erkenntnisse beim Lösen von Gleichungen haben.

Beispiel 4.6

Bestimmen Sie die Lösungsmenge von $\sqrt{x^2+4\,x+7}+2\,x=2$.

Lösung: Zunächst halten wir fest, dass x nur Lösung dieser Gleichung sein kann, wenn $x^2+4\,x+7\geq 0$ ist, da sonst die Wurzel nicht definiert ist. Würden wir die Gleichung auf beiden Seiten quadrieren, hätten wir auf der linken Seite immer noch eine Wurzel, denn

$$(\sqrt{x^2+4\,x+7}+2\,x)^2=(x^2+4\,x+7)+4\,x\,\sqrt{x^2+4\,x+7}+4\,x^2.$$

Natürlich war auch hier die binomische Formel anzuwenden – sie findet *immer* beim Quadrat einer Summe (oder Differenz) Anwendung. Geschickter ist es hier, die Wurzel auf einer Seite der Gleichung zu isolieren und dann erst zu quadrieren:

$$\begin{aligned}\sqrt{x^2+4\,x+7}+2\,x=2 \iff \quad \sqrt{x^2+4\,x+7} &= \qquad 2-2\,x\\ \implies (\sqrt{x^2+4\,x+7})^2 &= \qquad (2\,(1-x))^2\\ \iff \quad x^2+4\,x+7 &= \quad 4\,(1-2\,x+x^2)\\ \iff \quad 3\,x^2-12\,x-3=0 &\iff x=2\pm\sqrt{5}\end{aligned}$$

Wenn wir mit den beiden gefundenen Werten die Probe machen, stellen wir aber fest, dass die Gleichung für $x=2-\sqrt{5}$ nicht erfüllt ist. Wie konnte das passieren? Schauen wir die Umformungen genau an, dann stellen wir fest, dass darunter eine ist, die keine Äquivalenzumformung ist. Wir haben also nur gezeigt:

$$\sqrt{x^2+4\,x+7}+2\,x=2 \implies x=2+\sqrt{5}\ \vee\ x=2-\sqrt{5}.$$

In Worten: *Wenn* x die Gleichung erfüllt, *dann* ist $x=2+\sqrt{5}$ oder $x=2-\sqrt{5}$. Wir haben *nicht* gezeigt: *Wenn* $x=2+\sqrt{5}$ oder $x=2-\sqrt{5}$ ist, dann ist die Gleichung erfüllt. Wir haben also nur nachgewiesen, dass alle Lösungen der Gleichung unter den beiden Zahlen $2+\sqrt{5}$ und $2-\sqrt{5}$ zu finden sind. Es bleibt noch zu klären, ob beide Zahlen, nur eine davon (und ggf. welche) oder gar keine Lösung der Gleichung sind. Da es nur zwei Zahlen sind, probiert man dies einfach aus (Probe kommt von „probieren"). Beim Einsetzen der beiden Zahlen in die Gleichung stellt sich heraus, dass nur $2+\sqrt{5}$ Lösung der Gleichung ist. Es gilt also:

$$\sqrt{x^2+4\,x+7}+2\,x=2 \iff x=2+\sqrt{5}.$$

Die Lösungsmenge ist also $\mathbb{L}=\{2+\sqrt{5}\}$. ∎

Das oben geschilderte Vorgehen ist prinzipiell immer anwendbar, wenn *eine* Quadratwurzel in der Gleichung vorkommt. Hat man zwei Wurzeln, in deren Radikanden jeweils die Unbekannte x vorkommt, so wird man versuchen, die

Wurzeln nacheinander zu beseitigen. Dazu wird in vielen Fällen zweimaliges Quadrieren erforderlich sein.

Beispiel 4.7

Bestimmen Sie die Lösungsmenge von $\sqrt{x-1}+\sqrt{x+2}=3$.

Lösung: Zunächst prüfen wir wie immer, welche x als Lösungen überhaupt in Frage kommen: Beide Radikanden müssen positiv sein, d. h. es muss $x \geq 1$ und $x \geq -2$ gelten. Folglich kommen nur x mit $x \geq 1$ in Frage.

$$\begin{aligned}
\sqrt{x-1}+\sqrt{x+2}=3 &\Longrightarrow (\sqrt{x-1})^2+2\sqrt{x-1}\,\sqrt{x+2}+(\sqrt{x+2})^2=9\\
&\Longleftrightarrow x-1+2\sqrt{(x-1)\,(x+2)}+x+2=9\\
&\Longleftrightarrow 2\sqrt{(x-1)\,(x+2)}=8-2\,x\\
&\Longleftrightarrow \sqrt{(x-1)\,(x+2)}=4-x \Longrightarrow (x-1)\,(x+2)=(4-x)^2\\
&\Longleftrightarrow x^2+x-2=16-8\,x+x^2 \Longleftrightarrow 9\,x=18 \Longleftrightarrow x=2
\end{aligned}$$

Zur Probe: Für $x=2$ sind beide Wurzeln in der ursprünglichen Gleichung definiert und die Gleichung ist auch erfüllt (wie man durch Einsetzen sieht). Man kann sich die Probe ersparen, wenn man die Umformungen auf Äquivalenz prüft (was aber in der Regel aufwändiger ist): Wir haben zweimal quadriert und hätten beide Male anstelle von $\Longrightarrow$ auch $\Longleftrightarrow$ schreiben können, denn beide Seiten der ursprünglichen Gleichung sind jeweils positiv für $x=2$ (beim ersten Quadrieren sogar für alle x). Wegen (4.5) liegen damit sogar Äquivalenzumformungen vor.
Genauso könnten wir auch die Gleichung $\sqrt{x-1}+\sqrt{x+2}=-3$ angehen:

$$\begin{aligned}
\sqrt{x-1}+\sqrt{x+2}=-3 &\Longrightarrow (\sqrt{x-1})^2+2\sqrt{x-1}\,\sqrt{x+2}+(\sqrt{x+2})^2=9\\
&\Longleftrightarrow \ldots \quad \text{(s. o.)} \Longleftrightarrow x=2
\end{aligned}$$

Hier zeigt die Probe, dass für $x=2$ zwar beide Wurzeln definiert sind, aber die Gleichung nicht erfüllt ist. Sie kann auch gar nicht erfüllt sein, denn auf der linken Seite steht etwas Positives und auf der rechten etwas Negatives. Aus diesem Grund ist auch die erste Umformung diesmal keine Äquivalenzumformung, sondern nur eine Folgerung. (Das zweite Quadrieren ist dagegen, genau wie vorher, eine Äquivalenzumformung.) Die Lösungsmenge der Gleichung ist leer – die Umformungen sind trotzdem alle zulässig. Wir haben damit gezeigt: *Wenn* die Gleichung erfüllt ist, *dann* ist $x=2$. Daraus können wir nicht schließen, *dass* sie erfüllt ist für irgendwelche x. ∎

Bemerkung: Sollten in einer Gleichung x unter dem Wurzelzeichen und im Nenner eines Bruches auftreten, so ist es zweckmäßig, zuerst den Bruch zu beseitigen und dann erst die Wurzel(n).

Aufgabe

4.3 Bestimmen Sie jeweils die Lösungsmenge der folgenden Gleichungen. Vergessen Sie nicht die Probe bzw. überprüfen Sie Ihre Umformungen auf Äquivalenz.

a) $\sqrt{x+18} - 2\sqrt{x+27} = -6$ b) $\sqrt{x^2+1} - \sqrt{x^2-3} = 2$

c) $\dfrac{1-x}{\sqrt{x^2-2x+5}} = \dfrac{3}{5}$ d) $\dfrac{3-\sqrt{x}}{\sqrt{7x+1}} = 2$

4.7 Bestimmung von Umkehrfunktionen

Mit der Lösung von $f(x) = 0$, wobei $f : D \longrightarrow \mathbb{R}$, bestimmen wir das $x \in D$, das auf 0 abgebildet wird. Wenn f umkehrbar ist, gibt es nur ein solches $x \in D$. Auch besitzt die Gleichung $f(x) = y$ dann für jedes y aus der Bildmenge $f(D)$ nur eine Lösung $x \in D$, die natürlich von y abhängt. Die Bestimmung dieses x-Wertes ist nichts anderes als die Bestimmung der Umkehrfunktion. Die Gleichung $f(x) = y$ enthält zwei Variablen: y ist als vorgegeben anzusehen und x ist gesucht. Wir erhalten damit

$$\boxed{f \text{ umkehrbar} \Longrightarrow \text{für alle } y \in f(D) \text{ gilt:} f(x) = y \iff x = f^{-1}(y)}$$

Dies entspricht auch unserer Feststellung aus Kapitel 3: $(x, y) \in \text{Graph}(f) \iff (y, x) \in \text{Graph}(f^{-1})$.

Beispiel 4.8

Gegeben ist $f : x \mapsto \dfrac{x+3}{2x-5}$. Bestimmen Sie den Definitionsbereich, die Bildmenge und – sofern sie existiert – die Umkehrfunktion.

Lösung: Definitionsbereich von f ist $D = \mathbb{R} \setminus \{2.5\}$. Zur Bestimmung der Umkehrfunktion (um die Bildmenge kümmern wir uns später) haben wir die Gleichung $f(x) = y$ nach x aufzulösen.

$$f(x) = y \iff \frac{x+3}{2x-5} = y \iff x + 3 = y\,(2x-5) = 2xy - 5y$$

$$\iff x\,(1-2y) = -5y - 3 \iff x = \frac{5y+3}{2y-1} =: f^{-1}(y)$$

Also ist $f^{-1}(x) = \dfrac{5\,x+3}{2\,x-1}$ (wir haben die Variable y gegen x getauscht, was die Funktion ja nicht ändert) und der Definitionsbereich von f^{-1} ist $\mathbb{R}\setminus\{0.5\}$. Letzteres ist identisch mit der Bildmenge von f, also $f(D) = \mathbb{R} \setminus \{0.5\}$. ∎

Aufgabe

4.4 Bestimmen Sie für die folgenden Funktionen Definitionsbereich und Bildmenge und – sofern sie existiert – die Umkehrfunktion.

a) $f(x) = \dfrac{2\,x-1}{3\,x+2}$ b) $f(x) = \dfrac{3-4\,x}{2-9\,x}$ c) $f(x) = \dfrac{2}{\sqrt{x-8}}$

4.8 Weitere Gleichungen

Es ist keineswegs so, dass man alle Gleichungen mit einer Unbekannten durch Umstellen nach dieser Unbekannten lösen kann. In vielen Fällen ist dies gar nicht möglich, und man benötigt Computerhilfe. Manchmal lassen sich aber zunächst komplizierter aussehende Gleichungen durch einen Trick auf die uns bereits bekannten zurückführen.

Beispiel 4.9

Bestimmen Sie jeweils die Lösungsmenge der folgenden Gleichungen:
a) $x^4 - 2\,x^2 = 15$ b) $\mathrm{e}^x + \mathrm{e}^{-x} = 2\,y$ (wobei $y \in \mathbb{R}$ bekannt sei)

Lösung:
a) Auf den ersten Blick scheint die Gleichung nicht einfach zu lösen – wir erinnern uns, es gibt keine einfachen Methoden, Nullstellen von Polynomen vom Grad > 2 zu berechnen. Auf den zweiten Blick fällt uns auf, dass als Exponenten von x nur 2 und 4, also gerade Zahlen, auftreten. Dies machen wir uns zunutze, indem wir eine Hilfsvariable $y = x^2$ einführen. Die Gleichung damit umgeschrieben lautet $y^2 - 2\,y - 15 = 0$. Diese können wir leicht wie gehabt lösen, und erhalten $y = 5$ und $y = -3$. Die gesuchten Lösungen für x erhalten wir dann durch Lösen der Gleichung $x^2 = y$, wobei wir für y die beiden gefundenen Werte verwenden. Aus $x^2 = 5$ erhalten wir die beiden Lösungen $x = \sqrt{5}$ und $x = -\sqrt{5}$, während $x^2 = -3$ keine Lösungen beiträgt. Die Lösungsmenge für die Ausgangsgleichung ist also $\mathbb{L} = \{-\sqrt{5},\ \sqrt{5}\}$.
b) Hier darf man sich nicht durch das e^x entmutigen lassen. Die Potenzgesetze helfen uns hier weiter: e^{-x} ist ja nichts anderes als der Kehrwert von e^x – wenn wir also eine Hilfsvariable $z = \mathrm{e}^x$ einführen[1], so lautet die Gleichung

[1] Hier die Hilfsvariable y zu nennen, wäre keine gute Idee.

$z + \frac{1}{z} = 2\,y$. Diese können wir leicht nach z auflösen.

$$\begin{aligned} z + \frac{1}{z} = 2\,y \iff z^2 + 1 = 2\,y\,z \iff z^2 - 2\,y\,z + y^2 = y^2 - 1 \\ \iff (z-y)^2 = y^2 - 1 \end{aligned}$$

Diese Gleichung ist im Fall $y < 1$ nicht lösbar (denn dann ist $y^2 - 1 < 0$ und wir können die Wurzel nicht ziehen). Im Fall $y \geq 0$ erhalten wir als Lösung $z = y \pm \sqrt{y^2 - 1}$. Da $\mathrm{e}^x = z$ ist, also $x = \ln z$, müssen wir zunächst klären, ob $z > 0$ ist. Dies ist aber für beide Werte von z der Fall, denn es gilt $\sqrt{y^2 - 1} < \sqrt{y^2} = |y| = y$, so dass, wenn wir dies von y subtrahieren, wir auf jeden Fall auf dem Zahlenstrahl rechts von 0 bleiben (beim Addieren ist das erst recht der Fall). Damit erhalten wir $x = \ln x = \ln(y \pm \sqrt{y^2 - 1})$. Die Lösungsmenge lautet also im Fall $y \geq 0$: $\mathbb{L} = \{\ln(y - \sqrt{y^2 - 1}), \ln(y + \sqrt{y^2 - 1})\}$. ∎

Bemerkung: Diese Ersetzungsmethode bietet sich an, wenn sich die Gleichung ausschließlich in einer Hilfsvariable y schreiben lässt. Ob dies mit den $y = x^2$, $y = \sqrt{x}$, $y = \mathrm{e}^x$, $y = \ln x$ möglich ist, kann man der Gleichung mit etwas Übung direkt ansehen. Manchmal ist dazu vorher die Anwendung von Rechenregeln für Potenzen und Logarithmen (siehe die Kapitel 1 bzw. 3) nötig – in den folgenden Aufgaben haben Sie Gelegenheit, damit Erfahrungen zu sammeln.

Aufgabe

4.5 Bestimmen Sie die Lösungsmenge der folgenden Gleichungen (y ist dabei wieder eine als bekannt anzusehende Konstante). Hier ist wieder die Probe bzw. das Überprüfen Ihrer Umformungen auf Äquivalenz angeraten.

a) $x^4 - 15\,x^2 = -56$ b) $\mathrm{e}^x - \mathrm{e}^{-x} = 2\,y$

c) $x^5 - 15\,x^3 = -56\,x$ d) $x^6 - 2\,x^3 = 15$

e) $(\ln x)^2 - 7\,\ln x = -12$ f) $(\ln x)^2 - \ln(x^{13}) = 30$

4.9 Gleichungssysteme

Wir haben bisher nur Gleichungen mit einer Unbekannten gelöst. Aus gutem Grund: Hätten wir in einer Gleichung zwei Unbekannte x und y, so gäbe es unendlich viele Lösungsmöglichkeiten. Beispielsweise ist die Gleichung $x + y = 1$ für alle x und y erfüllt, solange nur $y = 1 - x$ gilt. In $y = 1 - x$ erkennen wir eine Geradengleichung wieder; die Punkte $(x,\, y) \in \mathbb{R}^2$, die diese Gleichung erfüllen, sind genau die Punkte dieser Geraden. Wenn zwei Unbekannte im Spiel sind, sind die gesuchten Lösungen also Zahlenpaare, oder, geometrisch: Punkte im $\mathbb{R}^2$. Wenn wir für zwei Unbekannte fordern, dass *zwei* Gleichungen gleichzeitig erfüllt sind, gibt es die Chance auf eine eindeutige Lösung. Man spricht dann auch von einem System von zwei Gleichungen, kurz einem *Gleichungssystem.*

Beispiel 4.10

Bestimmen Sie jeweils die Lösungsmenge folgender Gleichungssysteme.

a) $\begin{aligned} 3\,x + y &= 8 \\ y &= 5 \end{aligned}$ b) $\begin{aligned} 2\,x + 3\,y &= 7 \\ x + y &= 6 \end{aligned}$ c) $\begin{aligned} 2\,x + 3\,y &= 7 \\ 2\,x + 3\,y &= 8 \end{aligned}$

d) $\begin{aligned} 2\,x + y &= 7 \\ 2\,x + y &= 7 \end{aligned}$ e) $\begin{aligned} x^2 + y &= 14 \\ x + y &= 8 \end{aligned}$ f) $\begin{aligned} x^2 + y^2 &= 10 \\ x + y &= 4 \end{aligned}$

Lösung:
a) Aus der zweiten Gleichung erkennen wir, dass $y = 5$ sein muss. Wir suchen nun alle x, so dass die erste Gleichung mit $y = 5$ erfüllt ist. Es muss also $3\,x + 5 = 8$ gelten, was auf $x = 1$ führt. Es gibt also nur ein Zahlenpaar, das das Gleichungssystem erfüllt, nämlich $(x,\, y) = (1,\, 5)$. Die Lösungsmenge ist also $\mathbb{L} = \{(1,\, 5)\}$. Wir betonen noch einmal, dass die Lösungen Zahlenpaare sind. Es ist daher unsinnig zu sagen, dass $y = 5$ eine Lösung dieses Gleichungssystems ist.
b) Wir stellen die zweite Gleichung nach y um und erhalten $y = 6 - x$. Diesen Zusammenhang zwischen x und y benutzen wir in der ersten Gleichung, indem wir dort y durch $6 - x$ ersetzen. Die erste Gleichung lautet damit: $2\,x + 3\,(6 - x) = 7$, also $7 = 2\,x + 18 - 3\,x = 18 - x$. Umstellen nach x ergibt $x = 11$. Zu diesem x-Wert gehört dann der y-Wert $y = 6 - x = 6 - 11 = -5$. Auch hier haben wir also eine eindeutige Lösung erhalten, nämlich $(11, -5)$. Es ist $\mathbb{L} = \{(11, -5)\}$.
c) Wenn wir, anstatt stupide loszurechnen, zuerst einen Blick auf die beiden Gleichungen werfen, erkennen wir sofort, dass wir keine Lösungen (x, y) finden werden. Denn wenn die erste Gleichung erfüllt ist, kann die zweite nicht mehr erfüllt werden – die beiden linken Seiten sind gleich, aber die beiden rechten Seiten nicht. Dieses Gleichungssystem hat also keine Lösung, $\mathbb{L} = \emptyset$.
d) Wir sehen sofort, dass beide Gleichungen identisch sind. Daher ist die zweite Gleichung automatisch erfüllt, wenn die erste erfüllt ist. Die erste Gleichung wird von allen Zahlenpaaren (x, y) mit $2\,x + y = 7$ erfüllt, also von allen Punkten der Geraden $y = -2\,x + 7$. Daher gilt

$$\mathbb{L} = \{(x, y) \mid y = -2\,x + 7\} = \{(x,\, -2\,x + 7) \mid x \in \mathbb{R}\}.$$

e) Wir lösen die zweite Gleichung nach y auf, erhalten $y = 8 - x$ und setzen dies in die erste Gleichung ein. Damit erhalten wir $x^2 + 8 - x = 14 \iff x^2 - x - 6 = 0 \iff (x+2)(x-3) = 0 \iff x = -2 \vee x = 3$. Zu $x = -2$ gehört der y-Wert $y = 8 - x = 8 - (-2) = 10$, zu $x = 3$ gehört der y-Wert $y = 8 - x = 5$. Ergebnis: $\mathbb{L} = \{(-2,\ 10),\ (3,\ 5)\}$. – Wir hätten auch die zweite Gleichung nach x auflösen und das Ergebnis in die erste Gleichung einsetzen können. Dann hätten wir etwas mehr rechnen müssen, wären aber auf dasselbe Ergebnis gekommen – überzeugen Sie sich selbst davon, indem Sie diesen Weg durchrechnen.
f) Hier können wir genauso wie in e) vorgehen: Aus der zweiten Gleichung erhalten wir $y = 4 - x$. Dies in die erste Gleichung eingesetzt ergibt eine quadratische Gleichung mit den Lösungen $x = 1$ und $x = 3$, wozu die y-Werte $y = 3$ bzw. $y = 1$ gehören. Insgesamt: $\mathbb{L} = \{(1,\ 3),\ (3,\ 1)\}$. ■

Aufgabe

4.6 Bestimmen Sie jeweils die Lösungsmenge der folgenden Gleichungssysteme.

a) $\begin{aligned} 2x + y &= 3 \\ 2x - y &= 5 \end{aligned}$ b) $\begin{aligned} -x + 3y &= 10 \\ 2x - y &= 35 \end{aligned}$ c) $\begin{aligned} 3x + y &= 4 \\ 6x + 2y &= 8 \end{aligned}$

d) $\begin{aligned} x^2 - 5y &= 1 \\ y - x &= 1 \end{aligned}$ e) $\begin{aligned} 2x - 2y^2 &= 16 \\ x + y &= 20 \end{aligned}$ f) $\begin{aligned} x - y^2 &= 7 \\ x - 2y^2 &= 3 \end{aligned}$

Bemerkungen:
1. Wir haben nur einfache Beispiele behandelt. Inbesondere haben wir nur mit Systemen von zwei Gleichungen und zwei Unbekannten gearbeitet – natürlich gibt es auch Gleichungssysteme mit mehr als zwei Gleichungen und mehr als zwei Unbekannten. Deren Lösbarkeit und deren Lösung zu diskutieren würde aber den Rahmen dieses Buchs sprengen. Ohne weitere Informationen lässt sich nicht angeben, wie viele Lösungen ein allgemeines Gleichungssystem hat. Ebensowenig gibt es allgemein gültige Formeln für die Lösung von Gleichungssystemen. Der Aufwand zur Lösung kann sehr schnell Computerhilfe erfordern, und selbst damit ist keineswegs klar, dass man zum Ziel gelangt. Interessierte finden mehr dazu in [3].
2. Die Lösung(en) eines Gleichungssystems mit zwei Gleichungen und zwei Unbekannten können wir uns geometrisch als *Schnittpunkt(e)* zweier Funktionsgraphen vorstellen. In Beispiel 4.10 b) muss für die Lösungen $(x,\ y)$ gelten: $y = \frac{1}{3}(7 - 2x)$ und $y = -x + 6$. Mit anderen Worten, der Punkt $(x,\ y)$ muss sowohl auf der Geraden $y = \frac{1}{3}(7 - 2x)$ als auch auf der Geraden $y = -x + 6$ liegen. Wir erkennen nun auch, dass in den a), c) und d) auch Schnittpunkte

zweier Geraden gesucht werden. Es ist klar, dass zwei Geraden entweder genau einen Schnittpunkt haben (siehe a), b)) oder keinen Schnittpunkt haben (siehe c), die Geraden sind also parallel) oder jeder Punkt der beiden Geraden ist gleichzeitig auch Schnittpunkt (siehe d), die beiden Geraden sind identisch).
Schwieriger wird die Veranschaulichung, wenn es um Komplizierteres als den Schnittpunkt zweier Geraden geht. Wir erkennen aber noch, dass es in e) um den Schnittpunkt der Parabel $y = 14 - x^2$ mit der Geraden $y = 8 - x$ geht – auch diese Situation führt auf zwei Schnittpunkte (in diesem Fall). Die erste Gleichung aus f) beschreibt einen Kreis um (0, 0) mit Radius $\sqrt{10}$ (siehe Kapitel 5).

4.10 Textaufgaben

Wir haben bisher einfache Gleichungen und Gleichungssysteme gelöst, die schneller von Hand als mit Hilfe eines Taschenrechners bearbeitet werden können. In der Zeit, die man braucht, eine dieser Gleichungen in einen Taschenrechner einzugeben, sollten Sie sie gelöst haben – wenn nicht, sollten Sie mehr üben. Gleichungen, die schneller und sicherer auf einem Computer gelöst werden können, sollten auch dort gelöst werden – auf einem Computer sind aber andere Methoden als die hier vorgestellten angesagt, siehe z. B. [3]. Es geht jedoch in Anwendungen häufig weniger darum, Gleichungen von Hand zu lösen. Das können Computerprogramme in der Regel besser. Der Mensch wird da gebraucht, wo es darum geht, ein mit Worten – im Unterschied zu Gleichungen – beschriebenes Problem in Gleichungen umzusetzen. Dies wird auch in absehbarer Zeit so bleiben. Wir bezeichnen solche Probleme als *Textaufgaben.* Dabei empfiehlt es sich, systematisch vorzugehen und damit insbesondere zunächst die Art des Problems zu erkennen.

Bearbeiten von Textaufgaben und anderen Aufgabenstellungen, bei denen das Vorgehen nicht sofort klar ist:

- Man stelle fest, welche Größen *gesucht* sind und versehe sie (falls nicht vorgegeben) mit Bezeichnungen.
- Man stelle fest, was in der Aufgabenstellung *vorgegeben* ist, und formuliere dies mit den gewählten Bezeichnungen.
- Man stelle Gleichung(en) aus den vorgegebenen Zusammenhängen auf und löse diese nach den gesuchten Größen auf.

Wir beginnen mit einem einfachen Beispiel.

Beispiel 4.11

> Vergrößert man das Doppelte einer Zahl um 24, so erhält man ihr Sechsfaches. Wie lautet die Zahl?

Lösung:
Gesucht: Die Zahl, die wir mit x bezeichnen wollen.
Vorgegeben: Laut Aufgabentext: $2\,x + 24 = 6\,x$.
Lösung: Auflösen der Gleichung nach x ergibt $x = 6$. ■

In obigem Beispiel war die Gleichung schon im Aufgabentext formuliert. In der Regel muss man aber die Zusammenhänge selbst herstellen.

Beispiel 4.12

> Ein Bagger benötigt zum Ausheben einer Grube 10 Stunden, ein anderer Bagger mit einer kleineren Schaufel benötigt 1.5 mal so lange dafür. Wie lange dauert das Ausheben der Grube, wenn beide Bagger gleichzeitig arbeiten?

Lösung:
Gesucht: x sei die Zeit in Stunden, die beide Bagger zusammen brauchen.
Vorgegeben: Laut Aufgabentext schafft der größere Bagger in einer Stunde $\frac{1}{10}$ der Arbeit, der kleinere schafft in einer Stunde $\frac{1}{1.5} \cdot \frac{1}{10} = \frac{1}{15}$ der Arbeit.
Lösung: Beide Bagger zusammen schaffen also in einer Stunde $\frac{1}{10} + \frac{1}{15} = \frac{5}{30} = \frac{1}{6}$ der Arbeit[1] Die gesamte Arbeit ist daher in 6 Stunden erledigt. ■

Beispiel 4.13

> Schaltet man zwei Widerstände in Reihe, so ergibt sich ein Gesamtwiderstand von $200\,\Omega$, bei Parallelschaltung dagegen $37.5\,\Omega$. Wie groß sind die einzelnen Widerstände?

Lösung:
Gesucht: Die beiden Widerstände, die wir ohne Einheiten R_1 und R_2 nennen.
Vorgegeben: $R_1 + R_2 = 200$, $\frac{1}{R_1} + \frac{1}{R_2} = \frac{1}{37.5}$.
Lösung: Offensichtlich haben wir ein Gleichungssystem mit zwei Gleichungen und zwei Unbekannten zu lösen. Wir beseitigen in der zweiten Gleichung erst einmal die Brüche.

[1] Wenn Sie die Brüche auf den Nenner 150 gebracht hätten, sollten Sie unbedingt noch einmal Kapitel 1 durcharbeiten.

$$\frac{1}{R_1} + \frac{1}{R_2} = \frac{1}{37.5} \iff 1 + \frac{R_1}{R_2} = \frac{R_1}{37.5} \iff R_2 + R_1 = \frac{R_1\,R_2}{37.5}$$
$$\iff 37.5\,(R_2 + R_1) = R_1\,R_2$$

Die erste Gleichung liefert $R_2 = 200 - R_1$. Dies eingesetzt in die soeben hergeleitete Gleichung und anschließendes Auflösen nach der einzigen Unbekannten R_1 ergibt:

$$37.5\,(200 - R_1 + R_1) = R_1\,(200 - R_1) \iff 7500 = R_1\,(200 - R_1)$$
$$\iff R_1^2 - 200\,R_1 = -7500 \iff (R_1 - 100)^2 = 2500 \iff R_1 = 100 \pm 50$$

Es gibt also zwei Möglichkeiten, $R_1 = 150$ und $R_1 = 50$. Mit $R_2 = 200 - R_1$ gehören dazu die Werte $R_2 = 50$ bzw. $R_2 = 150$. Damit ist klar, dass die gesuchten Widerstände (nun mit Einheiten) $150\,\Omega$ und $50\,\Omega$ sind. (Die andere Lösung führt zu denselben Werten, so dass sich keine weiteren verschiedenen Lösungen ergeben.) ■

Aufgaben

4.7 Eine Hochschule besteht aus drei Fachbereichen. Im ersten Fachbereich lehren 35 Professoren, im zweiten 20 % aller Professoren und im dritten $\frac{1}{3}$ aller Professoren. Wie viele Professoren hat die Hochschule insgesamt[1]?

4.8 Eine 2275 m^2 große Fläche soll in rechteckiger Gestalt eingezäunt werden. Dafür steht 200 m Zaun zur Verfügung. Welche Abmessungen sollte das Grundstück haben?

4.9 Der „Goldene Schnitt“ gilt seit der Antike als ideales Teilungsverhältnis für die Unterteilung eines Körpers oder einer Linie in zwei Teile. Dabei verhält sich der kleinere Teil zum größeren wie der größere zum Ganzen. Dieses Teilungsverhältnis ergibt besonders ästhetische und harmonische Resultate. In welchem Verhältnis wird nun eine Linie beim Goldenen Schnitt geteilt?

[1] Selbstverständlich ist davon auszugehen, dass alle Professoren der Hochschule auch lehren.

4.11 Grundlegendes zu Ungleichungen

In Kapitel 2 haben wir die Zeichen $<$ und $>$ kennen gelernt und gesehen, wie man damit Zahlenmengen beschreiben kann. Ersetzt man in einer Gleichung das $=$-Zeichen durch $<$ oder $>$, so erhält man eine Ungleichung. Vielfach kann man Ungleichungen genauso behandeln wie Gleichungen, in mancher Hinsicht gibt es aber entscheidende Unterschiede. Einer davon ist, dass vielfach Fallunterscheidungen nötig sind, wie wir im Folgenden noch sehen werden. In diesem Kapitel werden wir ausführlich auf diese Unterschiede eingehen.

Definition

Unter einer **Ungleichung** versteht man eine Aussageform vom Typ $f(x) < 0$ oder vom Typ $f(x) > 0$, wobei $f : D \longrightarrow \mathbb{R}$ eine Funktion mit Definitionsbereich $D \subseteq \mathbb{R}$ ist. Die **Lösungsmenge** der Ungleichung $f(x) < 0$ bzw. $f(x) > 0$ ist also die Menge der x-Werte aus D, für die $f(x)$ unter bzw. über der x-Achse liegt.

Bemerkung: Da man eine Ungleichung mit $>$ durch Vertauschen der beiden Seiten in eine mit $<$ überführen kann, werden wir die Regeln für das Umformen von Ungleichungen nur für $<$ formulieren.

Rechenregeln für $<$

Für alle a, b, $c \in \mathbb{R}$ gilt:

$$a + c < b + c \iff a < b \tag{4.6}$$

$$\text{Falls } c > 0: a \cdot c < b \cdot c \iff a < b \tag{4.7}$$

$$\text{Falls } c < 0: a \cdot c < b \cdot c \iff a > b \tag{4.8}$$

$$a \cdot b > 0 \iff \big((a > 0 \text{ und } b > 0) \text{ oder } (a < 0 \text{ und } b < 0)\big) \tag{4.9}$$

$$a \cdot b < 0 \iff \big((a > 0 \text{ und } b < 0) \text{ oder } (a < 0 \text{ und } b > 0)\big) \tag{4.10}$$

Der Versuch beim Lösen von Ungleichungen genauso vorzugehen, wie wir es für Gleichungen gemacht haben, ist nahe liegend. Wir werden den zu Gleichungen in diesem Kapitel angestellten Überlegungen so weit wie möglich folgen und unser Augenmerk nur darauf richten, wo Ungleichungen einer Sonderbehandlung bedürfen.
Ein Vergleich der Rechenregeln für Gleichungen (4.1) bis (4.3) mit denen für Ungleichungen (4.6) bis (4.10) liefert folgendes Ergebnis:

- (4.1) entspricht genau (4.6). Wir können also bei Ungleichungen auf beiden Seiten beliebige Ausdrücke addieren oder subtrahieren, genauso wie wir es von Gleichungen gewohnt sind.
- Der Regel für Gleichungen (4.2) entsprechen bei Ungleichungen durch eine nötige Fallunterscheidung zwei Regeln, nämlich (4.7) und (4.8). Das Multiplizieren oder Dividieren mit einer positiven Zahl ist bei Ungleichungen wie bei Gleichungen gleichermaßen erlaubt. Jedoch ist beim Multiplizieren (oder Dividieren) einer Ungleichung mit einer negativen Zahl zu beachten, dass sich das $<$-Zeichen umkehrt. Beispielsweise folgt aus $2 < 3$ nach Multiplikation mit -1 die Ungleichung $-2 > -3$.
- Regel (4.3) gibt die Bedingung an, unter der ein Produkt gleich 0 ist. An Regel (4.9) und (4.10) erkennen wir, dass es *zwei* verschiedene Bedingungen, unter denen ein Produkt positiv sein kann: Entweder sind beide Faktoren positiv oder beide negativ. Genauso gibt es *zwei* verschiedene Bedingungen, unter denen ein Produkt negativ sein kann (Regel (4.10)). Man kann dies auch kurz so formulieren:

  > Ein Produkt aus zwei Faktoren ist positiv, wenn beide Faktoren gleiches Vorzeichen haben.
  > Ein Produkt aus zwei Faktoren ist negativ, wenn beide Faktoren entgegengesetztes Vorzeichen haben.

  Um die Lösungsmenge einer Ungleichung vom Typ $a\,b > 0$ zu bestimmen, muss man also zwei Möglichkeiten weiterverfolgen.

In Kapitel 2 haben wir auch das $\leq$-Zeichen kennen gelernt: $a \leq b$ steht für $a < b \lor a = b$. Für dieses Zeichen gelten entsprechend abgewandelte Rechenregeln.

Rechenregeln für $\leq$

Für alle a, b, $c \in \mathbb{R}$ gilt:

$$a + c \leq b + c \iff a \leq b$$

$$\text{Falls } c > 0 : a \cdot c \leq b \cdot c \iff a \leq b$$

$$\text{Falls } c < 0 : a \cdot c \leq b \cdot c \iff a \geq b$$

$$a \cdot b \geq 0 \iff \big((a \geq 0 \text{ und } b \geq 0) \text{ oder } (a \leq 0 \text{ und } b \leq 0)\big)$$

$$a \cdot b \leq 0 \iff \big((a \geq 0 \text{ und } b \leq 0) \text{ oder } (a \leq 0 \text{ und } b \geq 0)\big)$$

4.12 Lineare Ungleichungen

Lineare Ungleichungen lassen sich genauso wie lineare Gleichungen behandeln, wenn wir beachten, dass beim Multiplizieren mit negativen Zahlen das Ungleichungszeichen umgekehrt werden muss.
Wir hatten schon die Gleichung $3\,x - 3 = 7 - 2\,x$ gelöst:

$$3\,x - 3 = 7 - 2\,x \iff 3\,x + 2\,x = 7 + 3 \iff 5\,x = 10 \iff x = 2$$

Vollkommen analog können wir die Ungleichung $3\,x - 3 < 7 - 2\,x$ lösen:

$$3\,x - 3 < 7 - 2\,x \iff 3\,x + 2\,x < 7 + 3 \iff 5\,x < 10 \iff x < 2$$

Hier muss das $<$-Zeichen nicht umgekehrt werden, da wir nur durch die positive Zahl 5 dividieren. Wir haben damit:
Die Lösungsmenge von $3\,x - 3 < 7 - 2\,x$ ist $\mathbb{L} = (-\infty,\, 2)$.
Wir können die Ungleichung auch mit anderen Umformungen lösen, so dass eine Division durch eine negative Zahl nötig ist:

$$3\,x - 3 < 7 - 2\,x \iff -3 - 7 < -2\,x - 3\,x \iff -10 < -5\,x \iff 2 > x$$

Hier musste das $<$-Zeichen umgekehrt werden, da wir durch die negative Zahl -5 dividiert haben. Das Ergebnis ist wie erwartet das gleiche wie vorher.
Auf demselben Weg erhält man auch:
Die Lösungsmenge von $3\,x - 3 > 7 - 2\,x$ ist $\mathbb{L} = (2,\, \infty)$.
Bei der Lösung linearer Ungleichungen sind nur Multiplikationen und Divisionen mit konstanten Größen erforderlich. Das Vorzeichen dieser Größen ist dann unabhängig von x, so dass keine Fallunterscheidungen auftreten, es sei denn, es handelt sich um einen Parameter.

Beispiel 4.14

Zu bestimmen ist die Lösungsmenge von $a\,x - 3 < 5\,x$, wobei $a \in \mathbb{R}$ eine Konstante ist.

Lösung: Wir gehen anfangs wie bei Gleichungen vor, müssen aber am Ende eine Fallunterscheidung vornehmen, da wir den Parameter a nicht kennen.

$$a\,x - 3 < 5\,x \iff a\,x - 5\,x < 3 \iff (a-5)\,x < 3$$

$$\iff \begin{cases} x < \dfrac{3}{a-5} & \text{falls } a - 5 > 0 \\ x > \dfrac{3}{a-5} & \text{falls } a - 5 < 0 \end{cases}$$

Im Fall $a = 5$ ist die Ungleichung offensichtlich (einfach a durch 5 ersetzen) äquivalent zu $0 < 3$; diese Aussage ist wahr für alle $x \in \mathbb{R}$. Wenn Ihnen dieses Ergebnis befremdlich erscheint, versuchen Sie einfach ein $x \in \mathbb{R}$ zu finden, für das die Aussage $0 < 3$ nach Einsetzen Ihres x-Wertes falsch wird. Sie werden keinen Erfolg haben, daher ist die Aussage für alle $x \in \mathbb{R}$ wahr.

Insgesamt haben wir also erhalten:
Die Lösungsmenge von $a\,x - 3 < 5\,x$ ist

$$\mathbb{L} = \begin{cases} (-\infty, \dfrac{3}{a-5}) & \text{falls } a > 5 \\ \mathbb{R} & \text{falls } a = 5 \\ (\dfrac{3}{a-5}, \infty) & \text{falls } a < 5 \end{cases}$$

■

Bemerkung: Die Lösungsmenge einer Ungleichung enthält in der Regel unendlich viele Elemente. Eine Probe, indem man die berechneten Lösungen in die Ungleichung einsetzt und prüft, ob sie erfüllt ist, ist daher nicht durchführbar. Man könnte dies für einzelne Werte überprüfen, aber das Ergebnis dieser Prüfung liefert dann auch keine wirkliche Sicherheit, ob man richtig gerechnet hat. Es empfiehlt sich daher, beim Lösen von Ungleichungen stets besonders sorgfältig zu Werke zu gehen.

4.13 Ungleichungen mit Brüchen

Hier kommt die Unbekannte x im Nenner vor. Die Lösung einer solchen Ungleichung erfordert (vgl. Abschnitt 4.3) die Multiplikation mit dem Nenner, dessen Vorzeichen häufig von x abhängt, so dass eine Fallunterscheidung notwendig wird. Wir betrachten die beiden Beispiele aus Abschnitt 4.3.

Beispiel 4.15

Zu bestimmen ist die Lösungsmenge der Ungleichung $\dfrac{x+52}{x+2} < 11$.

Lösung: Da sofort die Multiplikation mit dem Nenner $x+2$ ansteht und wir dessen Vorzeichen nicht kennen, müssen wir zwei Fälle unterscheiden.
1. Fall: $x + 2 > 0$, also $x > -2$: Dann gilt:

$$\frac{x+52}{x+2} < 11 \iff x + 52 < 11\,(x+2) = 11\,x + 22$$
$$\iff -10\,x < -30 \iff x > 3.$$

Wir lesen daraus ab: Wenn $x > 3$ ist, und wir im ersten Fall sind, dann erfüllt x die ursprüngliche Ungleichung. Mit anderen Worten: Wenn $x > 3$ gilt und $x > -2$, dann ist die Ungleichung erfüllt. Die Bedingung $x > 3 \wedge x > -2$ ist äquivalent zu $x > 3$. Dies kann man sich leicht an der Zahlengeraden klar machen. Wir haben damit schon einen Teil der Lösungsmenge bestimmt: $\mathbb{L}_1 = (3,\, \infty)$.

2. Fall: $x + 2 < 0$, also $x < -2$: Dann gilt:

$$\frac{x+52}{x+2} < 11 \iff x + 52 > 11\,(x+2) = 11\,x + 22$$
$$\iff -10\,x > -30 \iff x < 3.$$

Für alle x mit $x < -2$ und $x < 3$ ist die Ungleichung also erfüllt. Mit Hilfe der Zahlengeraden (falls nötig) überlegt man sich dann, dass die Ungleichung für alle $x \in \mathbb{L}_2 = (-\infty,\, -2)$ erfüllt ist.

Jedes x, für das die Ungleichung definiert ist, erfüllt das Kriterium des ersten oder des zweiten Falls (man beachte hier das „oder"). Daher gilt insgesamt: x erfüllt die Ungleichung $\iff x \in \mathbb{L}_1$ oder $x \in \mathbb{L}_2 \iff x > 3 \vee x < -2 \iff x \in \mathbb{L} = \mathbb{L}_1 \cup \mathbb{L}_2 = (-\infty,\, -2) \cup (3,\, \infty)$.

Wir können die Lösungsmenge auch schreiben als $\mathbb{L} = \mathbb{R} \setminus [-2,\, 3]$, woraus man gleich sieht, dass die Ungleichung genau für alle $x \in [-2,\, 3]$ *nicht* erfüllt ist. ∎

Aufgabe

4.10 Bestimmen Sie jeweils die Lösungsmenge der folgenden Ungleichungen:

a) $\dfrac{6\,x-24}{x-4} > 4$ b) $\dfrac{6\,x-24}{x-4} < 4$ c) $\dfrac{3\,x-5}{x-2} \leq 3$

d) $\dfrac{-7\,x+1}{2\,x+1} \leq 1$ e) $\dfrac{-x-4}{2\,x+3} < 2$ f) $\dfrac{3\,x-2}{-5\,x+2} < 1$

4.14 Ungleichungen mit Beträgen

Hier erwarten wir in größerem Umfang als bei Gleichungen Fallunterscheidungen, da zum Auflösen der Ungleichung noch das Auflösen der Beträge erforderlich ist. In einfachen Fällen kann man aber mit Hilfe der Zahlengeraden noch Fallunterscheidung vermeiden.

Beispiel 4.16

Zu bestimmen ist die Lösungsmenge der Ungleichung $|2\,x + 3| < 5$.

Lösung: Wir dividieren durch 2, um den Faktor bei x zu eliminieren:

$$|2\,x+3| < 5 \iff \tfrac{1}{2}\,|2\,x+3| < 2.5 \iff |x+1.5| < 2.5$$

Nun erinnern wir uns daran, dass der Betrag die Abstandsfunktion auf der

Zahlengeraden ist: $|a-b|$ ist der Abstand der Zahlen a und b auf der Zahlengeraden. Wir suchen nun die x-Werte, für die $|x+1.5|<2.5$ ist, d. h. $|x-(-1.5)|<2.5$. Das sind genau die x-Werte, für die der Abstand von -1.5 kleiner als 2.5 ist. Man denkt sich also einen Kreis um 1.5 auf der Zahlengeraden mit Radius 2.5; dieser Kreis schneidet die Zahlengerade bei $-1.5+2.5=1$ und bei $-1.5-2.5=-4$, siehe Bild 4.1.

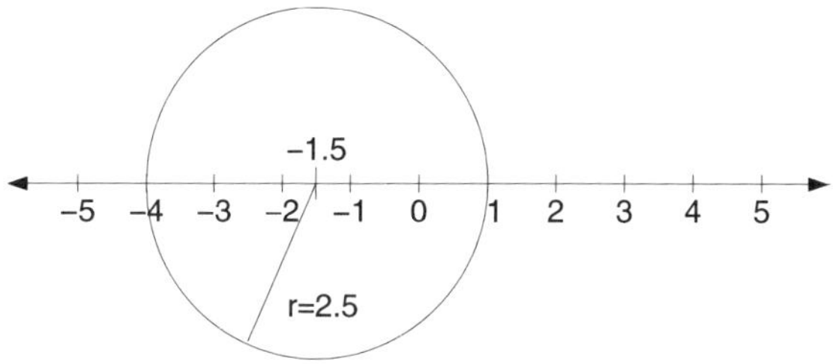

Bild 4.1

Alle Zahlen auf der Zahlengeraden innerhalb dieses Kreises bilden unsere Lösungsmenge, also $\mathbb{L}=(-4,\,1)$. Die Punkte auf der Kreislinie, also $x=1$ und $x=-4$, gehören nicht zur Lösungsmenge. Diese beiden Punkte sind die Lösung der Gleichung $|2\,x+3|=5$, siehe auch Beispiel 4.2. ■

Beispiel 4.17

Zu bestimmen ist die Lösungsmenge der Ungleichung $|-2\,x+3|<5$.

Lösung: Auch hier dividieren wir zuerst durch 2 und erhalten:

$$|-2\,x+3|<5 \iff \tfrac{1}{2}\,|-2\,x+3|<2.5 \iff |-x+1.5|<2.5$$

Man könnte nun sagen, wir suchen die x-Werte, für die $-x$ von -1.5 einen Abstand kleiner als 2.5 hat, aber was hilft uns das? Einfacher ist es, wir besinnen uns auf $|-x+1.5|=|-(-x+1.5)|=|x-1.5|$, woran wir erkennen, dass wir die x-Werte suchen, deren Abstand von 1.5 kleiner als 2.5 ist. An der Zahlengeraden wird dann klar, dass $\mathbb{L}=(-1,\,4)$ ist. ■

Aufwändiger wird die Bestimmung der Lösung, wenn in der Ungleichung zwei oder mehr Ausdrücke mit Beträgen vorkommen. Jeder der Ausdrücke innerhalb der Betragsstriche kann positiv oder negativ sein, erfordert also eine eigene Fallunterscheidung. Am zweckmäßigsten ist es, wenn man für jeden einzelnen Ausdruck feststellt, für welche x er das Vorzeichen wechselt; diese x-Werte wollen wir als kritische Werte bezeichnen. Die Gesamtheit aller kritischen Werte teilt die Zahlengerade in Intervalle ein, auf denen jeweils das Vorzeichen aller Ausdrücke konstant ist. Diese Intervalle legen die Fälle fest, die betrachtet werden müssen. Das folgende Beispiel wird das verdeutlichen.

Beispiel 4.18

Zu bestimmen ist die Lösungsmenge der Ungleichung $|3\,x+2| < |x-2|$.

Lösung: Es gilt:

$$|3\,x+2| = \begin{cases} 3\,x+2 & \text{falls } 3\,x+2 \geq 0 \\ -3\,x-2 & \text{falls } 3\,x+2 < 0 \end{cases} = \begin{cases} 3\,x+2 & \text{falls } x \geq -\frac{2}{3} \\ -3\,x-2 & \text{falls } x < -\frac{2}{3} \end{cases}$$

$$|x-2| = \begin{cases} x-2 & \text{falls } x-2 \geq 0 \\ 2-x & \text{falls } x-2 < 0 \end{cases} = \begin{cases} x-2 & \text{falls } x \geq 2 \\ 2-x & \text{falls } x < 2 \end{cases}$$

Bei $x = -\frac{2}{3}$ bzw. $x = 2$ wechseln die Ausdrücke in den Betragsstrichen ihr Vorzeichen. Diese beiden kritischen Werte unterteilen die Zahlengerade in drei Intervalle: $(-\infty, -\frac{2}{3}]$, $(-\frac{2}{3}, 2]$, $(2, \infty)$. Diese Aufteilung legt unsere Fallunterscheidung fest.

1. Fall: $x \in (-\infty, -\frac{2}{3}]$, d. h. $x \leq -\frac{2}{3}$.
Hier gilt (s.o.): $|3\,x+2| = -3\,x-2$ und $|x-2| = 2-x$. Dies verwenden wir in der zu lösenden Ungleichung und fahren dann in gewohnter Weise fort:

$$|3\,x+2| < |x-2| \iff -3\,x-2 < 2-x \iff -2\,x < 4 \iff x > -2$$

Also sind alle x mit $x \leq -\frac{2}{3}$ und $x > -2$ Lösung; dies ergibt als erste Teillösungsmenge $\mathbb{L}_1 = (-2, -\frac{2}{3}]$.

2. Fall: $x \in (-\frac{2}{3}, 2]$, d. h. $-\frac{2}{3} < x \leq 2$.
Hier gilt (s.o.): $|3\,x+2| = 3\,x+2$ und $|x-2| = 2-x$.

$$|3\,x+2| < |x-2| \iff 3\,x+2 < 2-x \iff 4\,x < 0 \iff x < 0$$

Also sind alle x mit $-\frac{2}{3} < x \leq 2$ und $x < 0$ Lösung; also $\mathbb{L}_2 = (-\frac{2}{3}, 0)$.

3. Fall: $x \in (2, \infty)$, d. h. $x > 2$.
Hier gilt (s.o.): $|3\,x+2| = 3\,x+2$ und $|x-2| = x-2$.

$$|3\,x+2| < |x-2| \iff 3\,x+2 < x-2 \iff 2\,x < -4 \iff x < -2$$

Also sind alle x mit $x > 2$ und $x < -2$ Lösung, also $\mathbb{L}_3 = \emptyset$.

Die Gesamtlösungsmenge ist also $\mathbb{L} = \mathbb{L}_1 \cup \mathbb{L}_2 \cup \mathbb{L}_3 = (-2, -\frac{2}{3}] \cup (-\frac{2}{3}, 0) = (-2, 0)$. ■

Bemerkung: Ungleichungen, in denen ein Bruch in den Betragsstrichen steht, multipliziert man zuerst mit dem Nenner. Dieser ist dank seiner Betragsstriche positiv, also kehrt sich das $<$-Zeichen nicht um. Danach verfährt man wie oben dargestellt. Die ersten Umformungen sehen also exemplarisch so aus:

$$\left|\frac{3\,x+2}{x-2}\right| < 1 \iff \frac{|3\,x+2|}{|x-2|} < 1 \iff |3\,x+2| < |x-2| \iff \text{usw.}$$

Aufgabe

4.11 Bestimmen Sie jeweils die Lösungsmenge der folgenden Ungleichungen:

a) $|2x+1| < 7$ b) $|-3x+2| < 5$

c) $|-3x+2| < -5$ d) $|6x+1| < |2x-1|$

e) $|-3x+7| < 2|1+3x|$ f) $|-5x+2| < |-1-2x|$

4.15 Quadratische Ungleichungen

Bei der Lösung von quadratischen Ungleichungen können wir genauso vorgehen wie bei quadratischen Gleichungen, denn beim Wurzelziehen bleibt das $<$-Zeichen erhalten. Dabei dürfen natürlich nicht die Betragsstriche vergessen werden: $x^2 < y^2 \iff |x| < |y|$.

Beispiel 4.19

Zu bestimmen ist die Lösungsmenge der Ungleichung $x^2 - x < 12$.

Lösung: Wir benutzen quadratische Ergänzung:

$$\begin{aligned} x^2 - x < 12 &\iff x^2 - x + 0.25 < 12.25 \iff (x-0.5)^2 < 12.25 = 3.5^2 \\ &\iff |x-0.5| < 3.5 \iff -3 < x < 4 \end{aligned}$$

Alternativ, aber wohl aufwändiger, wäre die Lösung über Faktorisierung und Regel (4.10) möglich:

$$\begin{aligned} x^2 - x < 12 &\iff x^2 - x - 12 < 0 \iff (x-4)(x+3) < 0 \\ &\iff (x-4 > 0 \text{ und } x+3 < 0) \text{ oder } (x-4 < 0 \text{ und } x+3 > 0)\big) \\ &\iff (x > 4 \text{ und } x < -3) \text{ oder } (x < 4 \text{ und } x > -3)\big) \\ &\iff (x < 4 \text{ und } x > -3)\big) \iff -3 < x < 4 \end{aligned}$$

Die Lösungsmenge ist somit $\mathbb{L} = (-3,\, 4)$. ■

Aufwändiger wird es, wenn die Unbekannten im Nenner stehen und daher die quadratische Ungleichung erst noch generiert werden muss (beispielsweise durch Multiplikation mit den Nennern).

Beispiel 4.20

Zu lösen ist $\dfrac{13}{2x-7} + \dfrac{16}{x+4} < 15$ (vgl. Beispiel 4.4).

Lösung: Da wir nicht darum herumkommen, beide Seiten der Ungleichung mit den Nennern zu multiplizieren, sind Fallunterscheidungen nach den Vorzeichen der Nenner unvermeidbar. Die nötigen Fälle erkennen wir genauso wie in Beispiel 4.18: Das Vorzeichen der Nenner wechselt in unserem Fall bei $x = 3.5$ und bei $x = -4$. Diese beiden kritischen Werte unterteilen die Zahlengerade in drei Teile, welche uns die drei zu unterscheidenden Fälle liefern.

1. Fall: $x < -4$.
Dann ist $x + 4 < 0$ und $2x - 7 < 0$, also sind beide Nenner negativ. Beim Multiplizieren mit beiden Nennern nacheinander wird das $<$-Zeichen zweimal umgekehrt, steht also nachher genau wie vorher (vgl. die Umformungen in Beispiel 4.4).

$$\frac{13}{2x-7} + \frac{16}{x+4} < 15 \iff 13 + \frac{16\,(2x-7)}{x+4} > 15\,(2x-7)$$
$$\iff 13\,(x+4) + 16\,(2x-7) < 15\,(2x-7)\,(x+4)$$
$$\iff x^2 - x - 12 > 0 \iff (x < -3 \text{ oder } x > 4)$$

Im letzten Schritt haben wir von Beispiel 4.19 profitiert, wo wir bereits die Ungleichung $x^2 - x - 12 < 0$ gelöst hatten. Unter der Bedingung $x < -4$ (die Bedingung diesen Falles) finden wir als Lösungen die x-Werte, für die $x < -3$ oder $x > 4$ gilt. Die Bedingung lautet also „$x < -4$ und ($x < -3$ oder $x > 4$)“, welche aber äquivalent (an die Zahlengerade denken!) zu $x < -4$ ist. Also: $\mathbb{L}_1 = (-\infty, -4)$.

2. Fall: $-4 < x < 3.5$.
Dann ist $x + 4 > 0$ und $2x - 7 < 0$, also ist einer der beiden Nenner positiv und der andere negativ. Beim Multiplizieren mit beiden Nennern nacheinander wird das $<$-Zeichen also genau einmal umgekehrt. Wir können die Umformungen aus dem 1. Fall übernehmen, müssen dabei nur auf das $<$-Zeichen achten:

$$\frac{13}{2x-7} + \frac{16}{x+4} < 15 \iff 13 + \frac{16\,(2x-7)}{x+4} > 15\,(2x-7)$$
$$\iff 13\,(x+4) + 16\,(2x-7) > 15\,(2x-7)\,(x+4)$$
$$\iff x^2 - x - 12 < 0 \iff -3 < x < 4$$

Also: $\mathbb{L}_2 = \{x \mid -4 < x < 3.5 \text{ und } -3 < x < 4\} = (-4, 3.5) \cap (-3, 4) = (-3, 3.5)$.

3. Fall: $3.5 < x$.
Nun sind beide Nenner positiv, das $<$-Zeichen bleibt bei Multiplikation mit den Nennern erhalten und wir gelangen zur selben Bedingung wie im 1. Fall:

$$\frac{13}{2x-7} + \frac{16}{x+4} < 15 \iff (x < -3 \text{ oder } x > 4)$$

Ergebnis: $\mathbb{L}_3 = \{x \mid x > 3.5 \text{ und } (x < -3 \text{ oder } x > 4))\} = (4, \infty)$.
Endergebnis: $\mathbb{L} = \mathbb{L}_1 \cup \mathbb{L}_2 \cup \mathbb{L}_3 = (-\infty, -4) \cup (-3, 3.5) \cup (4, \infty)$. ■

Aufgabe

4.12 Bestimmen Sie jeweils die Lösungsmenge der folgenden Ungleichungen:

a) $x^2 - x < 20$ b) $x^2 + 8x < -16$

c) $x^2 + 8x \leq -16$ d) $10x^2 + 21 < 41x$

e) $\dfrac{2}{2x-1} - \dfrac{1}{x+3} < -1$ f) $\dfrac{6}{x^2-9} + \dfrac{1}{x+3} < 1$

g) $\dfrac{162}{5x-2} - \dfrac{95}{-4+2x} < 1$ h) $\dfrac{4}{x-4} + \dfrac{3}{x^2-16} + \dfrac{2}{x+4} < 1$

i) $\dfrac{455}{4x-3} - \dfrac{174}{2x-5} < 1$ j) $-\dfrac{33}{2x-3} + \dfrac{259}{6x-5} < 4$

4.16 Weitere Ungleichungen

Zu Beginn des vorigen Abschnitts über quadratische Ungleichungen haben wir schon auf die Äquivalenz $x^2 < y^2 \iff |x| < |y|$ hingewiesen. Anders formuliert:

$$\text{für alle } x,\, y > 0 \text{ gilt:} \quad x < y \iff x^2 < y^2.$$

Wenn beide Seiten einer Ungleichung positiv sind, ist das Quadrieren eine Äquivalenzumformung. Die Aussage $0 \leq x < y \Longrightarrow x^2 < y^2$ bedeutet nichts anderes als dass $f : x \mapsto x^2$ eine streng monoton steigende Funktion auf $\mathbb{R}_+$ ist; vgl. Kapitel 3. Analog bedeutet $0 \leq x < y \Longrightarrow \sqrt{x} < \sqrt{y}$, dass $f : x \mapsto \sqrt{x}$ streng monoton steigend auf $\mathbb{R}_+$ ist. Diese beiden Folgerungen sind in obiger Äquivalenz zusammengefasst.

In Kapitel 3 haben wir schon gesehen, dass die Umkehrfunktionen streng monoton steigender Funktionen, wenn sie existieren, auch wieder streng monoton steigend sind. Die Anwendung einer Funktion f auf beiden Seiten einer Ungleichung ist also eine Äquivalenzumformung (Sie erinnern sich, dass nur Äquivalenzumformungen zuverlässig auf die Lösungsmenge einer Ungleichung führen), wenn f streng monoton steigend und umkehrbar ist. Dabei bleibt das Ungleichungszeichen unverändert.

Analoges kann man über die Anwendung streng monoton fallender, umkehrbarer Funktionen auf Ungleichungen sagen, nur kehrt sich dabei das Ungleichungszeichen um. Wir halten fest:

> Sei $f : D \longrightarrow \mathbb{R}$ eine umkehrbare, streng monoton steigende Funktion. Dann gilt
> für alle $x, y \in D$: $x < y \iff f(x) < f(y)$.
> Sei $f : D \longrightarrow \mathbb{R}$ eine umkehrbare, streng monoton fallende Funktion. Dann gilt
> für alle $x, y \in D$: $x < y \iff f(x) > f(y)$.

Man beachte, dass dabei $x, y \in D$ vorausgesetzt wird, d. h. x und y sind in dem Teil des Definitionsbereichs, in dem f umkehrbar ist. Damit können wir auch Ungleichungen bearbeiten, in denen die e-Funktion vorkommt, denn die e-Funktion ist streng monoton steigend und umkehrbar.

Beispiel 4.21

Die rekursiv definierte Folge $x_{n+1} := \frac{x_n}{2}$, $x_0 := 1$ erzeugt die Zahlen, die durch fortlaufendes Halbieren, ausgehend 1, entstehen:

$x_0 = 1$, $x_1 = \frac{1}{2}$, $x_2 = \frac{1}{4}$, ...

Die Folgenglieder nähern sich offensichtlich immer mehr der Zahl 0 an. Berechnen Sie ein $n \in \mathbb{N}$, so dass ab diesem n alle weiteren Folgenglieder unterhalb von einem Millionstel liegen.

Lösung: Dies ist eine Textaufgabe, womit wir ja bereits vertraut sind.
Gesucht: n.
Vorgegeben: Für alle $l \geq n$ soll x_l kleiner als 1 Millionstel sein, also $x_l < 10^{-6}$.
Lösung: Wir stellen aus den Vorgaben eine Ungleichung auf und lösen nach n auf. Wir suchen also die n, für die $x_n < 10^{-6}$ gilt. Aus der Definition der x_n erkennen wir: $x_n = \frac{1}{2^n}$. Damit haben wir alles, was wir brauchen:

$$x_n < 10^{-6} \iff \frac{1}{2^n} < 10^{-6} \iff \left(\frac{1}{2}\right)^n < 10^{-6}.$$

Beide Seiten der Ungleichung sind positiv; wir können daher auf beiden Seiten den dekadischen Logarithmus lg anwenden, denn dies ist eine streng monoton steigende, umkehrbare Funktion.

$$\left(\frac{1}{2}\right)^n < 10^{-6} \iff \lg\left(\frac{1}{2}\right)^n < \lg(10^{-6}) \iff n\lg\frac{1}{2} < -6$$
$$\iff n > \frac{-6}{\lg 0.5} = 19.93\ldots$$

Natürlich haben wir aufgepasst und beim Dividieren durch $\lg 0.5$ das Ungleichungszeichen umgekehrt, denn $\lg 0.5 < 0$. Die Bedingung aus der Aufgabenstellung ist also genau dann erfüllt, wenn $n > 19.93\ldots$ erfüllt. Da für n nur natürliche Zahlen in Frage kommen, lautet das Ergebnis: Ab $n = 20$ (einschließlich) liegen alle Folgenglieder unterhalb von 1 Millionstel.
Wenn wir im letzten Umformungsschritt vergessen hätten, das Ungleichungszeichen umzukehren, wären wir auf die Bedingung $n < 20$ gestoßen. Dies hätte bedeutet, dass nur die ersten 19 Folgenglieder unterhalb 1 Millionstel liegen, alle anderen nicht. Spätestens das würde uns stutzig machen, denn es war uns ja klar, dass die Folgenglieder immer kleiner werden. ■

Zusammenfassung

In diesem Kapitel haben wir

- festgestellt, dass nur Äquivalenzumformungen die Lösungsmenge von Gleichungen unverändert lassen,
- uns schrittweise das zum Auflösen von Gleichungen notwendige Handwerkszeug angeeignet,
- gelernt, dass beim Lösen von Gleichungen mit Quadraten und Wurzeln die Probe notwendig ist,
- die Besonderheiten beim Lösen von Ungleichungen erkannt,
- die Handhabung von Fallunterscheidungen bei der Lösung von Ungleichungen geübt.

5 Ein wenig elementare Geometrie

Wir wollen hier keine umfassende Zusammenstellung der wichtigsten geometrischen Zusammenhänge geben, sondern nur einige Grundlagen bereitstellen, die für das Verständnis von Funktionen und deren Graphen unabdingbar sind. Graphen von Funktionen werden in der x-y-Ebene dargestellt. Die Koordinatenachsen stehen dabei senkrecht aufeinander, daher spielt für uns alles, was mit rechten Winkeln zu tun hat, eine wichtige Rolle. Wir wenden uns daher zunächst rechtwinkligen Dreiecken zu.

5.1 Rechtwinklige Dreiecke

Die Eckpunkte von Dreiecken werden mit Großbuchstaben bezeichnet, die Seiten des Dreiecks mit Kleinbuchstaben. Die Reihenfolge der Bezeichnung geschieht in mathematisch positiver Orientierung, also gegen den Uhrzeigersinn. Die einem Eckpunkt gegenüber liegende Seite trägt denselben Buchstaben wie dieser Punkt, nur eben klein geschrieben. Die längste der drei Seiten, also die, die dem rechten Winkel gegenüber liegt, wird auch *Hypotenuse* genannt; die beiden anderen werden *Katheten* genannt. Bild 5.1 zeigt ein rechtwinkliges Dreieck, wobei der rechte Winkel am Punkt C liegt.

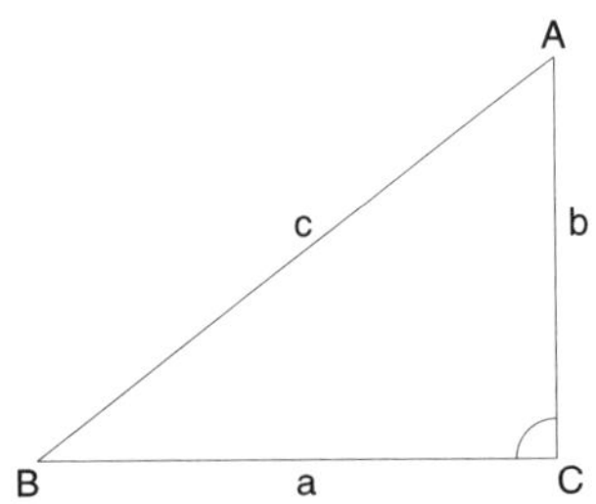

Bild 5.1

Satz des Pythagoras[1]

Sei durch die drei Punkte A, B, C ein rechtwinkliges Dreieck gegeben, so dass der rechte Winkel bei C anliegt. Dann gilt

$$a^2 + b^2 = c^2$$

In Worten: Das Quadrat der Hypotenusenlänge ist gleich der Summe der Quadrate der beiden Kathetenlängen.

[1] Pythagoras lebte im 6. Jahrhundert v. Chr. auf Samos und in Süditalien.

Bemerkung: Wir sind hier etwas salopp gewesen: a, b, c sind in Bild 5.1 die Seiten, und nicht deren Längen. Die obige Formulierung ist aber die weit verbreitete, die man gemeinhin mit dem Namen Pythagoras assoziiert. Korrekt hätten wir schreiben müssen, wenn wir mit $\overline{AB}$ die Länge der Strecke AB bezeichnen: $\overline{BC}^2 + \overline{AC}^2 = \overline{AB}^2$. Grundsätzlich ist es wichtig, sich bei mathematischen Bezeichnungen klar zu machen, um welche Objekte es sich handelt. Die Seiten eines Dreiecks sind geometrische Objekte, nämlich Strecken. Die Längen der Seiten sind positive reelle Zahlen – und über diese wird im Satz des Pythagoras etwas ausgesagt.

Der Satz des Pythagoras hat eine Vielzahl von Anwendungen in allen Bereichen, in denen Mathematik eine Rolle spielt. Eine davon ermöglicht, den Abstand zweier Punkte A und B in der x-y-Ebene zu berechnen. Die Koordinaten der Punkte A und B seien (x_a, y_a) bzw. (x_b, y_b). Dann liegt der Punkt $C = (x_a, y_b)$ genau so zu A und B wie in Bild 5.1 dargestellt; die Punkte A, B und C bilden ein rechtwinkliges Dreieck. Damit hat die Seite a die Länge $\overline{BC} = |x_a - x_b|$ und die Seite b die Länge $\overline{CA} = |y_a - y_b|$. (Wir haben hier die Beträge verwendet, denn ohne Beträge könnten die Differenzen bei anderer Lage der Punkte negativ werden.) Nach dem Satz des Pythagoras hat dann die Seite c die Länge $\sqrt{(x_a - x_b)^2 + (y_a - y_b)^2}$; dies ist der Abstand der Punkte A und B voneinander.

> Seien $A = (x_a, y_a)$, $B = (x_b, y_b)$ zwei Punkte im $\mathbb{R}^2$.
> Dann ist der Abstand von A zu B
> $$\sqrt{(x_a - x_b)^2 + (y_a - y_b)^2}.$$

5.2 Kreis und Ellipse

Nachdem wir eine Formel für den Abstand zweier Punkte im $\mathbb{R}^2$ haben, können wir überlegen, wie ein Kreis im $\mathbb{R}^2$ beschrieben werden kann. Ein Kreis ist die Menge aller Punkte, die von einem festen Punkt, dem sog. Mittelpunkt, einen festen Abstand, den sog. Radius, haben. Wir betrachten zunächst einen Kreis mit Radius 1 und Mittelpunkt $(0, 0)$. Dieser Kreis wird als *Einheitskreis* bezeichnet. Ein Punkt (x, y) liegt also genau dann auf dem Einheitskreis, wenn sein Abstand zum Nullpunkt 1 ist, siehe Bild 5.2.

> Ein Punkt (x, y) liegt auf dem Einheitskreis genau dann, wenn $x^2 + y^2 = 1$ gilt.

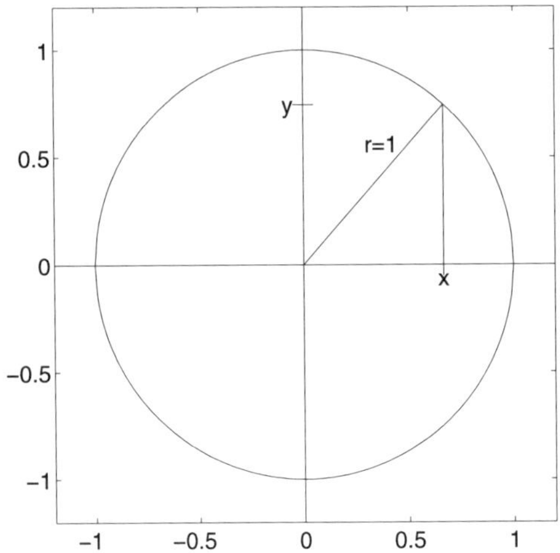

Bild 5.2 Der Einheitskreis

Bemerkung: Man beachte, dass ein Kreis nicht der Graph einer Funktion sein kann, weil ja fast allen x-Werten zwei y-Werte zugeordnet werden. Man kann den Kreis aber aus zwei Funktionsgraphen zusammensetzen, nämlich einen für den oberen Halbkreis und einen für den unteren. Die zugehörigen Funktionen sind dann $x \mapsto \sqrt{1-x^2}$ und $x \mapsto -\sqrt{1-x^2}$.

Wir wollen nun den Einheitskreis in x- und y-Richtung verzerren, d. h. die Funktionen, deren Graphen den Kreis bilden, skalieren. Wie wir in Kapitel 3 gesehen haben, können wir in x- und in y- Richtung skalieren. Dazu hatten wir Skalierungen $s_c : x \mapsto c\,x$ betrachtet und festgestellt: der Graph von $s_c \circ f \circ s_d : x \mapsto c\,f(d\,x)$ ist gegenüber dem von f um den Faktor $\frac{1}{d}$ in x-Richtung gedehnt (bzw. gestaucht) und in y-Richtung um den Faktor c gedehnt (siehe Bild 3.8). Der Einheitskreis erstreckt sich sowohl in x- als auch in y-Richtung von -1 bis 1. Wenn wir den Einheitskreis so verändern wollen, dass er sich in x-Richtung von $-a$ bis a und in y-Richtung von $-b$ bis b erstreckt ($a,\, b > 0$), so müssen wir also die Skalierungen $s_{a^{-1}}$ und s_b verwenden. Die obere Hälfte der Kurve besteht aus dem Graphen von $f(x) := \sqrt{1-x^2}$; die skalierte Funktion lautet dann

$$(s_b \circ f \circ s_{a^{-1}})(x) = b\sqrt{1-\left(\frac{x}{a}\right)^2}. \tag{5.1}$$

Die untere Hälfte der Kurve erhält man als Graph von $x \mapsto -b\sqrt{1-\left(\frac{x}{a}\right)^2}$. Die vollständige Kurve heißt *Ellipse* mit den *Halbachsen* a und b. In Bild 5.3 ist eine Ellipse mit den Halbachsen $a = 4$ und $b = 2$ dargestellt.

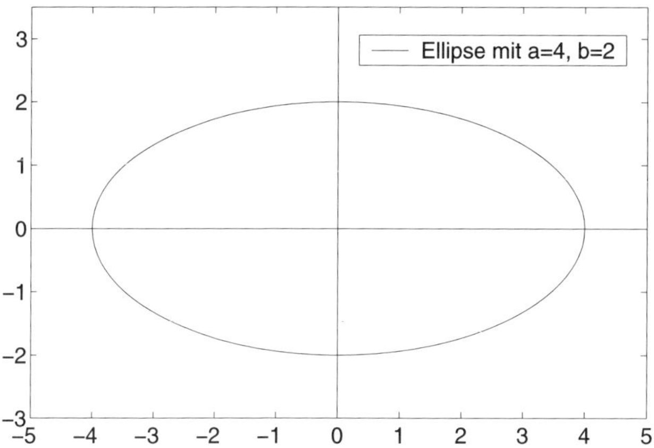

Bild 5.3

Aus (5.1) erkennen wir, dass ein Punkt (x, y) genau dann auf einer Ellipse mit Mittelpunkt (0, 0) und den Halbachsen a und b liegt, wenn gilt:

$$\left(\frac{x}{a}\right)^2 + \left(\frac{y}{b}\right)^2 = 1 \tag{5.2}$$

Um eine Ellipse mit einem anderen Mittelpunkt als (0, 0) darzustellen, verwenden wir Translationen. Aus Abschnitt 3.4 wissen wir, dass Translationen in x-Richtung den Graphen in x-Richtung verschieben; analog gilt das für Translationen in y-Richtung. Eine Translation in x-Richtung wird durch Ersetzen von x durch $x-x_0$ bewerkstelligt, eine Translation in y-Richtung durch Ersetzen von y durch $y - y_0$ (letzteres beruht auf der Überlegung, dass die Translation in y-Richtung den Übergang von $y = f(x)$ zu $y = f(x) + y_0$ darstellt, was aber äquivalent zu $y - y_0 = f(x)$ ist). Durch beide Translationen wird die Ellipse um (x_0, y_0) verschoben; der Mittelpunkt, der ursprünglich (0, 0) war, wird nun (x_0, y_0). Setzen wir die Translationen in (5.2) ein, so erhalten wir die **Mittelpunktsgleichung der Ellipse**

Ein Punkt (x, y) liegt auf einer **Ellipse** um den Mittelpunkt (x_0, y_0) mit den Halbachsen a und b genau dann, wenn

$$\left(\frac{x - x_0}{a}\right)^2 + \left(\frac{y - y_0}{b}\right)^2 = 1 \tag{5.3}$$

Ein Kreis ist nichts anderes als eine Ellipse mit gleich langen Halbachsen ($a = b = r$). Wir erhalten damit die **Mittelpunktsgleichung des Kreises**.

> Ein Punkt (x, y) liegt auf einem **Kreis** um den Mittelpunkt (x_0, y_0) mit dem Radius r genau dann, wenn
>
> $$\left(\frac{x - x_0}{r}\right)^2 + \left(\frac{y - y_0}{r}\right)^2 = 1$$
>
> oder, äquivalent, wenn
>
> $$(x - x_0)^2 + (y - y_0)^2 = r^2 \qquad (5.4)$$

5.3 Hyperbeln

Durch eine Vorzeichenänderung in der Mittelpunktsgleichung der Ellipse werden wir auf die **Mittelpunktsgleichung einer Hyperbel** geführt.

> Seien $a > 0$ und $b > 0$. Dann liegen alle Punkte (x, y) mit
>
> $$\left(\frac{x - x_0}{a}\right)^2 - \left(\frac{y - y_0}{b}\right)^2 = 1 \qquad (5.5)$$
>
> auf einer nach links und rechts geöffneten **Hyperbel** um den Mittelpunkt (x_0, y_0).
> Alle Punkte (x, y) mit
>
> $$\left(\frac{y - y_0}{b}\right)^2 - \left(\frac{x - x_0}{a}\right)^2 = 1 \qquad (5.6)$$
>
> liegen auf einer nach oben und unten geöffneten **Hyperbel** um den Mittelpunkt (x_0, y_0).

Als Beispiel wollen wir eine Hyperbel vom Typ (5.5) mit Mittelpunkt (0, 0), $a = 4$ und $b = 3$ betrachten. Die Mittelpunktsgleichung lautet dann:

$$\left(\frac{x}{4}\right)^2 - \left(\frac{y}{3}\right)^2 = 1.$$

Diese Kurve ist in Bild 5.4 wiedergegeben. Sie ist symmetrisch zur y-Achse und besteht aus zwei Ästen, die von den sog. Scheitelpunkten $(a, 0)$ und $(-a, 0)$ ausgehen. Mit zunehmendem x, $x > 4$ nähert sie sich immer mehr den Geraden $y = \frac{b}{a}x$ und $y = -\frac{b}{a}x$ an. Für abnehmende x, $x < -4$ zeigt sie dasselbe Verhalten. Man nennt diese beiden Geraden die *Asymptoten* der Hyperbel.

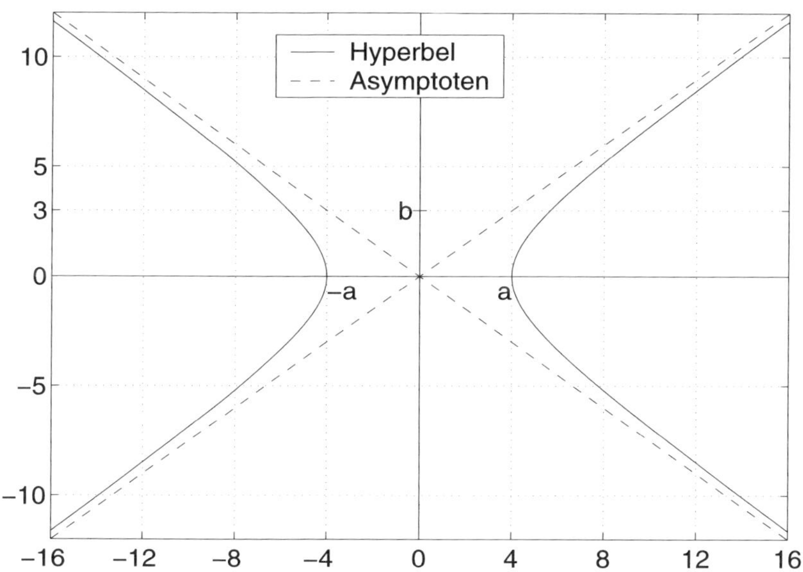

Bild 5.4 Hyperbel mit $a = 4$, $b = 3$ und zugehörigen Asymptoten

Wie wir gesehen haben, unterscheiden sich die Mittelpunktsgleichungen von Ellipsen und Hyperbeln nur an einer einzigen Stelle im Vorzeichen. Wenn wir in den Mittelpunktsgleichungen (5.3), (5.5) und (5.6) die Quadrate ausmultiplizieren und mit den Nennern multiplizieren, erhalten wir einen allgemeinen Ausdruck, der beide Kurventypen umfasst.

Allgemeine Form von Ellipsen- und Hyperbelgleichung

Seien A, B, C, D, $E \in \mathbb{R}$. Die Menge der Punkte (x, y), für die gilt:

$$A\,x^2 + B\,y^2 + C\,x + D\,y + E = 0 \tag{5.7}$$

stellt

- eine Ellipse dar, falls $A \cdot B > 0$ gilt,
- eine Hyperbel dar, falls $A \cdot B < 0$ gilt.

Bemerkungen:
1. Man kann also schon an den Koeffizienten in (5.7) ablesen, welche Kurve durch diese Gleichung beschrieben wird (zum Fall, dass $A \cdot B = 0$ gilt, kommen wir noch im folgenden Abschnitt). Man kann weiterhin (5.7) durch quadratische Ergänzung auf die Mittelpunktsform bringen und dabei den Mittelpunkt und die Parameter a, b von Ellipse bzw. Hyperbel ablesen.
2. (5.7) beschreibt Ellipsen und Hyperbeln, die Symmetrieachsen parallel zu den Koordinatenachsen besitzen. Eine allgemeinere Form entsteht, wenn man in (5.7) zusätzlich einen gemischten Term $F\,x\,y$ zulässt. Dadurch wird es möglich, gedrehte Ellipsen und Hyperbeln zu erfassen, d. h. solche, deren Symmetrieachsen nicht mehr parallel zu den Koordinatenachsen sind.

Beispiel 5.1

Prüfen Sie, ob durch die Gleichungen
a) $25\,x^2 - 50\,x + 9\,y^2 + 72\,y - 56 = 0$
b) $49\,x^2 - 196\,x - 36\,y^2 - 144\,y - 1712 = 0$
jeweils eine Ellipse oder eine Hyperbel beschrieben wird, berechnen Sie die zugehörige Mittelpunktsgleichung und die Parameter a, b.

Lösung: Wir verwenden die Bezeichnungen aus (5.7).
Zu a) Wir haben $A = 25$ und $B = 9$, also $A \cdot B > 0$, es liegt also eine Ellipse vor. Mit quadratischer Ergänzung (zweimal) erhalten wir:

$$\begin{aligned} 0 &= 25\,x^2 - 50\,x + 9\,y^2 + 72\,y - 56 \\ &= 25\,x^2 - 50\,x + 25 - 25 + 9\,y^2 + 72\,y + 144 - 144 - 56 \\ &= (5\,x - 5)^2 + (3\,x + 12)^2 - 25 - 144 - 56 \\ &= (5\,x - 5)^2 + (3\,x + 12)^2 - 225 \end{aligned}$$

$$\iff (5x-5)^2+(3x+12)^2=225$$
$$\iff 25(x-1)^2+9(x+4)^2=225$$
$$\iff \frac{(x-1)^2}{9}+\frac{(y+4)^2}{25}=1 \iff \left(\frac{x-1}{3}\right)^2+\left(\frac{y+4}{5}\right)^2=1$$

Also handelt es sich um eine Ellipse mit dem Mittelpunkt $(1, -4)$ und den Halbachsen $a=3$ und $b=5$.
Zu b) Wir haben $A=49$ und $B=-36$, also $A\cdot B<0$, es liegt also eine Hyperbel vor. Wir gehen wie in a) vor und erhalten:

$$\begin{aligned}
0 &= 49x^2-196x-36y^2-144y-1712\\
&= 49x^2-196x-(36y^2+144y)-1712\\
&= 49x^2-196x+196-(36y^2+144y+144)-196+144-1712\\
&= (7x-14)^2-(6y+12)^2-1764
\end{aligned}$$
$$\iff 49(x-2)^2-36(y+2)^2=1764$$
$$\iff \frac{(x-2)^2}{36}-\frac{(y+2)^2}{49}=1 \iff \left(\frac{x-2}{6}\right)^2-\left(\frac{y+2}{7}\right)^2=1$$

Also handelt es sich um eine Hyperbel mit dem Mittelpunkt $(2, -2)$ und den Asymptoten $y=\pm\frac{7}{6}x$ (da $a=6$ und $b=7$). Vergleichen wir mit den beiden Varianten der Mittelpunktsgleichung (5.5) und (5.6), so stellen wir fest, dass hier die erste Form vorliegt und damit die Hyperbel nach links und rechts geöffnet ist. ■

5.4 Parabeln und Geraden

Es bleiben noch die Fälle zu erörtern, in denen in (5.7) $A=0$ oder $B=0$ vorliegt. Wir behandeln zuerst den Fall, dass von den beiden Koeffizienten A und B einer Null ist und der andere nicht Null.

Allgemeine Form der Parabelgleichung

Seien A, B, C, D, $E \in \mathbb{R}$. Die Menge der Punkte (x, y), für die gilt:

$$A\,x^2 + C\,x + D\,y + E = 0 \tag{5.8}$$

stellt eine nach oben oder unten geöffnete Parabel dar, falls $A \neq 0$ und $D \neq 0$ gilt; siehe auch Bild 3.11.
Die Menge der Punkte (x, y), für die gilt:

$$B\,y^2 + C\,x + D\,y + E = 0 \tag{5.9}$$

stellt eine nach links oder rechts geöffnete Parabel dar, falls $B \neq 0$ und $C \neq 0$ gilt.

Beispiel 5.2

Prüfen Sie, ob durch die Gleichung $x^2 + 2\,x + 19 - 6\,y = 0$ eine Parabel beschrieben wird, und berechnen Sie ggf. den Scheitelpunkt.

Lösung: Wir verwenden die Bezeichnungen aus (5.7).
Wir haben $A = 1$ und $B = 0$, es liegt also eine nach oben oder unten geöffnete Parabel vor. Mit quadratischer Ergänzung erhalten wir:

$$0 = x^2 + 2\,x + 19 - 6\,y = (x-1)^2 - 6\,y - 1 + 19 \iff y = \frac{1}{6}\,(x-1)^2 - 3$$

Aus Abschnitt 3.6.3 wissen wir schon, dass damit eine nach oben geöffnete Parabel mit Scheitelpunkt $(1, -3)$ beschrieben wird. ∎

Bemerkung: Gleichung (5.9) entsteht aus Gleichung (5.8) durch Vertauschung der Variablen x und y, Vertauschung der Koeffizienten A und B sowie C und D. Die Bezeichnung der Koeffizienten hat keinen Einfluss auf die durch die Gleichung beschriebene Kurve. Eine Vertauschung der Variablen bewirkt (siehe Kapitel 3) aber eine Spiegelung an der ersten Winkelhalbierenden (der Geraden $y = x$). Aus einer nach oben geöffneten Parabel (Typ $y = x^2$) wird dann eine nach rechts geöffnete (Typ $x^2 = y$). Eine nach oben geöffnete Parabel ist der Graph einer Funktion (eines Polynoms zweiten Grades). Nach Spiegelung kann die Parabel, weil nach rechts geöffnet, aber nicht mehr der Graph einer Funktion sein (die Gleichung $x^2 = y$ lässt sich nicht eindeutig lösen). Analog wird aus einer nach unten geöffneten Parabel durch Vertauschung der Variablen x und y eine nach links geöffnete (die ebenfalls nicht mehr als Graph einer Funktion beschrieben werden kann).

In Beispiel 5.2 haben wir gesehen, wie man die allgemeine Form der Parabelgleichung so umstellen kann, dass der Scheitelpunkt ablesbar wird. Die dabei entstehende Gleichung bezeichnet man als **Scheitelgleichung der Parabel**.

> Seien $x_s,\ y_s \in \mathbb{R}$, $a > 0$. Dann liegen alle Punkte $(x,\ y)$ mit
>
> $$(x - x_s)^2 = a\,(y - y_s) \tag{5.10}$$
>
> auf einer nach oben geöffneten **Parabel** mit Scheitelpunkt $(x_s,\ y_s)$. Alle Punkte $(x,\ y)$ mit
>
> $$(y - y_s)^2 = a\,(x - x_s) \tag{5.11}$$
>
> liegen auf einer nach rechts geöffneten **Parabel** mit Scheitelpunkt $(x_s,\ y_s)$.
> Ist $a < 0$, so handelt es sich um eine nach unten bzw. links geöffnete Parabel mit Scheitelpunkt $(x_s,\ y_s)$.

Für die durch die Gleichung $x^2 + 2\,x + 19 - 6\,y = 0$ aus Beispiel 5.2 gegebene Parabel lautet die zugehörige Scheitelgleichung $(x - 1)^2 = 6\,(y + 3)$, ist also vom Typ (5.10).

Aufgabe

5.1 Welche Kurven werden durch die folgenden Gleichungen beschrieben? Bestimmen Sie

- im Fall einer Ellipse den Mittelpunkt, die Halbachsen a und b und die Mittelpunktsgleichung
- im Fall einer Hyperbel den Mittelpunkt, die Asymptoten, die Öffnungsrichtung und die Mittelpunktsgleichung
- im Fall einer Parabel den Scheitelpunkt, die Öffnungsrichtung und die Scheitelgleichung.

a) $y^2 - 2\,y + x^2 + 2\,x - 2 = 0$

b) $y^2 - 4\,y - 12\,x + 64 = 0$

c) $36\,x^2 - 144\,x - 25\,y^2 - 250\,y - 1381 = 0$

d) $9\,x^2 + 90\,x + 16\,y^2 - 64\,y - 1007 = 0.$

Es bleibt noch der Fall zu erörtern, dass in (5.7) $A = 0$ und $B = 0$ vorliegt. In diesem Fall sind keine quadratischen Terme mehr in der Gleichung enthalten; es handelt sich um eine Geradengleichung. Geraden haben wir schon in Abschnitt 3.6.2 als Graphen von Polynomen ersten Grades behandelt; wir wollen daher hier nicht noch einmal darauf eingehen.

5.5 Die Strahlensätze

Die Strahlensätze sind in vielen Fällen hilfreich, um Längenverhältnisse von Geradenabschnitten zu berechnen. Im Folgenden werden wir dabei mit $\overline{AB}$ die Länge der Verbindungsstrecke zweier Punkte A und B bezeichnen. Die Ausgangssituation sind zwei von einem Punkt A ausgehende Strahlen, die von zwei parallelen Geraden geschnitten werden, siehe Bild 5.5.

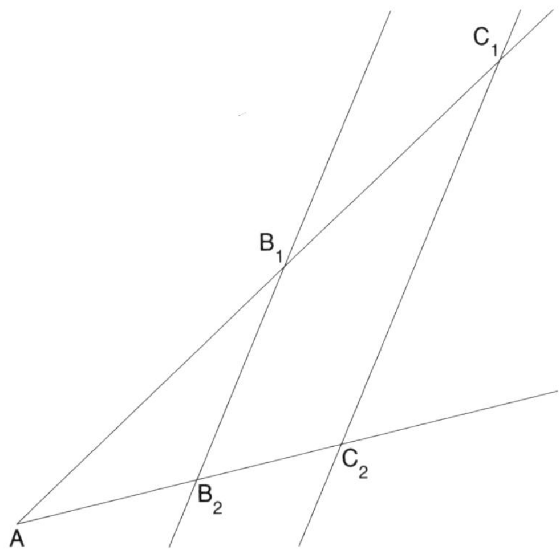

Bild 5.5

Strahlensätze

Mit den Bezeichnungen aus Bild 5.5 gilt:

$$\overline{AB_1} : \overline{AB_2} = \overline{AC_1} : \overline{AC_2} = \overline{B_1C_1} : \overline{B_2C_2} \tag{5.12}$$

$$\overline{AB_1} : \overline{AC_1} = \overline{AB_2} : \overline{AC_2} = \overline{B_1B_2} : \overline{C_1C_2} \tag{5.13}$$

$$\overline{B_1B_2} : \overline{AB_2} = \overline{C_1C_2} : \overline{AC_2}; \quad \overline{B_1B_2} : \overline{AB_1} = \overline{C_1C_2} : \overline{AC_1} \tag{5.14}$$

Übliche Anwendung der Strahlensätze:
Wenn man in Bild 5.5 drei Längen kennt, kann man daraus oft eine vierte berechnen, indem man die Gleichheit der Längenverhältnisse ausnutzt.

Beispiel 5.3

Wir gehen von den Bezeichnungen in Bild 5.5 aus. Berechnen Sie jeweils die gesuchten Längen aus den vorgegebenen.

a) $\overline{AB_1} = 5,\ \overline{AB_2} = 3,\ \overline{AC_1} = 7,\quad \overline{AC_2} = ?$

b) $\overline{AB_1} = 5,\ \overline{B_1B_2} = 4,\ \overline{AC_1} = 7,\quad \overline{C_1C_2} = ?$

Lösung:
a) Nach (5.12) gilt $\overline{AB_1} : \overline{AB_2} = \overline{AC_1} : \overline{AC_2}$, also

$$\overline{AC_2} = \overline{AC_1} \cdot \frac{\overline{AB_2}}{\overline{AB_1}} = 7 \cdot \frac{3}{5} = 4.2$$

b) Nach (5.13) gilt $\overline{AB_1} : \overline{AC_1} = \overline{B_1B_2} : \overline{C_1C_2}$, also

$$\overline{C_1C_2} = \overline{B_1B_2} \cdot \frac{\overline{AC_1}}{\overline{AB_1}} = 4 \cdot \frac{7}{5} = 5.6 \quad \blacksquare$$

Aufgaben

5.2 Der Schatten eines 1.20 m hohen vertikalen Stabes ist 1.40 m lang. Wie hoch ist ein Baum, dessen Schatten zur selben Zeit 11.20 m lang ist?

5.3 Eine 6 mm dicke Erbse verdeckt gerade den Vollmond, wenn man sie 66 cm vom Auge entfernt hält. Wie verhalten sich demnach Mond- und Erdradius, wenn die Mondentfernung 60 Erdradien beträgt?

5.4 Leiten Sie (5.14) aus (5.13) her.

Wahr oder falsch?

5.5 Ein Punkt (x, y) liegt genau dann auf dem Einheitskreis, wenn $y = \sqrt{1-x^2}$ gilt.

5.6 Ein Punkt (x, y) liegt auf dem Einheitskreis, wenn $y = \sqrt{1-x^2}$ gilt.

5.7 Eine Ellipse ist stets symmetrisch zur y-Achse.

5.8 Die Hyperbel $y = \frac{1}{x}$ (siehe Bild 3.4) lässt sich nicht mit der allgemeinen Form (5.7) beschreiben.

Zusammenfassung

In diesem Kapitel haben wir

- uns den Satz des Pythagoras in Erinnerung gerufen,
- den Satz des Pythagoras benutzt, um den Abstand zweier Punkte zu berechnen, und damit eine Gleichung für den Einheitskreis aufgestellt,
- durch Skalierungen die Kreisgleichung in eine Ellipsengleichung überführt,
- durch die Verwendung von Translationen beliebige Mittelpunkte ermöglicht,
- die Mittelpunktsgleichungen von Ellipsen und Hyperbeln kennen gelernt,
- gelernt, wie man an der allgemeinen Gleichung ablesen kann, ob es sich um eine Ellipse, eine Hyperbel, eine Parabel oder eine Gerade handelt,
- gesehen, wie man die Strahlensätze zur Berechnung von Längen von Geradenabschnitten einsetzen kann.

6 Trigonometrische Funktionen

6.1 Trigonometrie am Einheitskreis

Wir sind gewohnt, die Angabe eines Winkels in Grad (°) zu machen, wobei ein Vollkreis 360° entspricht. Eine weitere Möglichkeit ist stattdessen die entsprechende Bogenlänge auf einem Kreisbogen mit dem Radius $r = 1$ anzugeben.

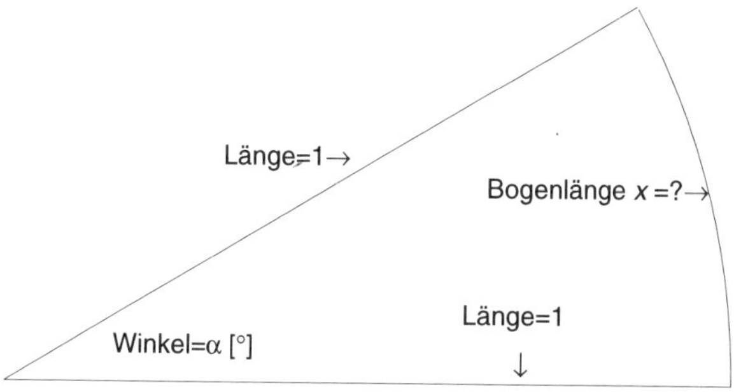

Bild 6.1

Wir erinnern uns, dass ein Vollkreis mit Radius r einen Umfang von $2\,\pi\,r$ hat. Demnach hat ein Kreis mit Radius 1 einen Umfang von $2\,\pi$. Für die Länge x des dem Winkel α entsprechenden Abschnitt des Kreisbogens gilt, wobei α in Grad angegeben ist,

$$\boxed{\text{Bogenlänge}\, x = \frac{\alpha}{360} \cdot 2\pi}$$

Man sagt, x ist der Winkel im Bogenmaß. Dies ist einfach eine Umrechnung von einer Einheit in eine andere; genauso wie man Temperaturen in Celsius und Fahrenheit angeben und ineinander umrechnen kann, so kann man es mit Winkeln in Grad und im Bogenmaß machen.
Wir verabreden ab jetzt:

$$\boxed{\text{Von nun an verwenden wir nur noch Bogenmaß}^1.}$$

Wir betrachten nun nicht nur die Länge eines Kreisbogens am Einheitskreis, sondern auch die Längen verschiedener Strecken, die wir im Kreissek-

[1] Bevor Sie Ihren Taschenrechner verwenden, stellen Sie sicher, dass er im richtigen Winkelmodus eingestellt ist, also hier Bogenmaß (rad.).

tor am Einheitskreis festlegen. Diese Längen, die vom Winkel x (im Bogenmaß!) abhängen, definieren die so genannten trigonometrischen Funktionen sin, cos, tan und cot. Wie das genau geht, sehen wir in Bild 6.2. Man beachte, dass wir hier die beiden Koordinatenachsen mit u bzw. v bezeichnet haben, entgegen unseren früheren Gewohnheiten, um die Variable x für die Bogenlänge frei zur Verfügung zu haben.

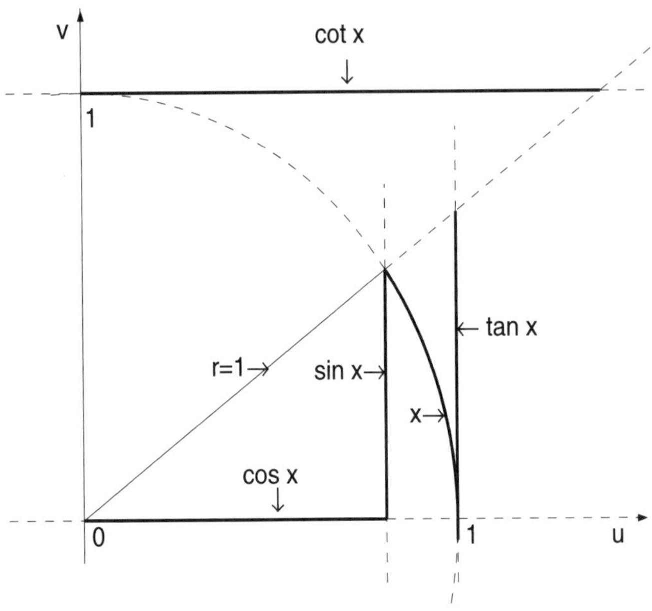

Bild 6.2 Definition von sin, cos, tan und cot am Einheitskreis

Man muss nun aber beachten, dass es sich dabei genau genommen nicht um Längen von Strecken handelt. Präziser ist es zu sagen, dass $\sin x$ und $\cos x$ der v- bzw. u-Achsenabschnitt sind. Letztere können nämlich auch negativ sein: Beispielsweise liegt für $\frac{\pi}{2} < x < \pi$ (Winkel zwischen 90° und 180°) der u-Achsenabschnitt links vom Nullpunkt und ist daher negativ. Längen können grundsätzlich nicht negativ sein; daher ist bei den Größen $\sin x$, $\cos x$, $\tan x$, $\cot x$ immer von der jeweiligen Achse aus zu messen und wenn der Abschnitt links vom Nullpunkt oder unterhalb des Nullpunkts zu liegen kommt, ist er negativ zu nehmen.

Diese Größen sind abhängig von x, dem zugrunde liegenden Winkel, also Funktionen von x. Man spricht in diesem Fall auch von den *trigonometrischen Funktionen* oder den *Winkelfunktionen*.

6.2 Wissenswertes über sin und cos

Einige Funktionswerte sind direkt aus der obigen Definition am Einheitskreis klar:

$$\sin 0 = 0,\ \cos 0 = 1,\ \sin\frac{\pi}{2} = 1,\ \cos\frac{\pi}{2} = 0$$
$$\sin\pi = 0,\ \cos\pi = -1,\ \sin\frac{3\pi}{2} = -1,\ \cos\frac{3\pi}{2} = 0$$

Bitte überprüfen Sie selbst an Bild 6.2, ob auch Sie diese Werte ablesen können – und lesen Sie erst weiter, wenn Sie sich von diesen Werten überzeugt haben. So geübt können wir Bild 6.2 problemlos eine Reihe von Eigenschaften der trigonometrischen Funktionen entnehmen.

Eigenschaften (I) von sin und cos

Für alle $x \in \mathbb{R}$ gilt:

$$\sin x \in [-1, 1], \quad \cos x \in [-1, 1] \tag{6.1}$$
$$\sin(x + 2\,\pi) = \sin x, \quad \cos(x + 2\,\pi) = \cos x \tag{6.2}$$
$$\sin^2 x + \cos^2 x = 1 \tag{6.3}$$
$$\sin(-x) = -\sin x, \quad \cos(-x) = \cos x \tag{6.4}$$
$$|\sin x| \le |x| \tag{6.5}$$

Hierbei bedeutet $\sin^2 x := (\sin x)^2$ und $\cos^2 x := (\cos x)^2$.

Begründungen dazu:
Zu (6.1): Man sieht, dass die Achsenabschnitte vom Betrag her nicht größer als der Radius des Kreises sind – dieser ist aber 1.
Zu (6.2): Vergrößert man den Winkel x um $2\,\pi$, so erhält man dasselbe Bild wie vorher und daher auch dieselben Werte für $\sin x$ und $\cos x$ wie vorher.
Zu (6.3): Dies ist nichts anderes als der Satz des Pythagoras für das rechtwinklige Dreieck, das von den Strecken $\sin x$, $\cos x$ und $r = 1$ gebildet wird.
Zu (6.4): Um die Situation für den Winkel $-x$ zu betrachten, muss man nur das Bild für den Winkel x an der u-Achse spiegeln. Der u-Achsenabschnitt bleibt, da er auf der Spiegelachse liegt, unberührt, daher ist $\cos(-x) = \cos x$. Der v-Achsenabschnitt klappt auf die jeweils andere Seite herüber; $\sin(-x)$ erhält daher das zu $\sin x$ entgegengesetzte Vorzeichen, also $\sin(-x) = -\sin x$ (die Länge bleibt unverändert). Diese Eigenschaft besagt übrigens, dass sin eine ungerade Funktion ist und cos eine gerade.

Zu (6.5): Aus dem Bild erkennt man sofort, dass die Bogenlänge x immer größer als der v-Achsenabschnitt ist. Da wir von Längen reden, geht es um die Beträge der Bogenlänge bzw. des v-Achsenabschnitts, also $|\sin x| \leq |x|$.

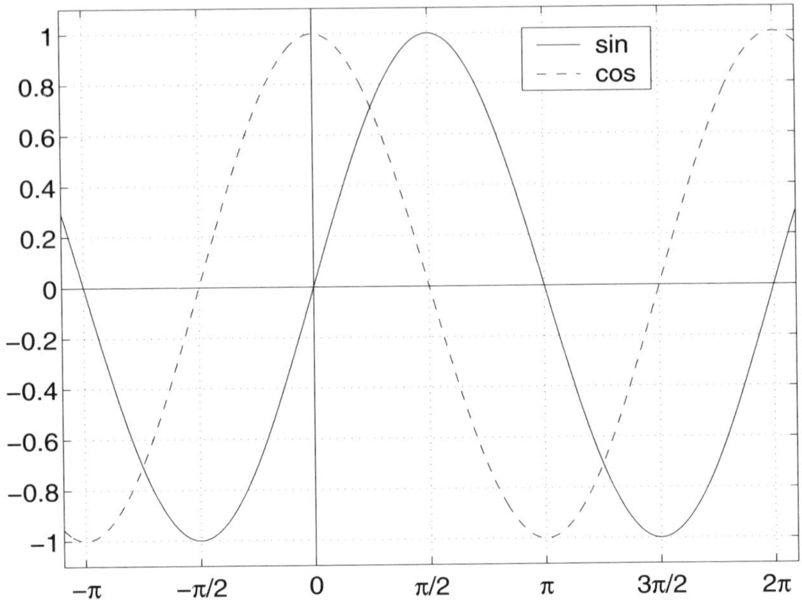

Bild 6.3 Die Graphen von sin und cos

An den Graphen von sin und cos (siehe Bild 6.3, dabei sind die Achsen wieder mit x bzw. y bezeichnet) erkennen wir, dass sich die Funktionswerte jeweils im Abstand von 2π auf der x-Achse wiederholen. Natürlich hatten wir aufgrund der Eigenschaft (6.2) nichts anderes erwartet. In Abschnitt 3.4 hatten wir schon über Translationen in x-Richtung gesprochen und gesehen, dass der Graph von $x \mapsto \sin(x+2\pi)$ gegenüber dem Graphen von sin um 2π nach links in x-Richtung verschoben ist. (6.2) bedeutet daher, dass der Graph der verschobenen Funktion mit dem der ursprünglichen zusammenfällt. Das Gleiche gilt für cos und auch jeweils für die um 4π, $6,\pi$, $8\pi, \ldots$ in x-Richtung nach links verschobenen Graphen. Darüber hinaus kann man auch um 2π, $4,\pi, \ldots$ in x-Richtung nach links verschieben und erhält denselben Graph. Diese interessante Eigenschaft verdient einen eigenen Namen.

Definition

Eine Funktion $f : \mathbb{R} \longrightarrow \mathbb{R}$ heißt **p-periodisch**, wenn für alle $x \in \mathbb{R}$ $f(x+p) = f(x)$ gilt. Dabei ist p eine Konstante, die **Periode** der Funktion f genannt wird.

sin und cos sind 2π-periodisch.

Bemerkung: sin und cos sind auch $4\,\pi$-periodisch, aber das ist schlicht eine Folge davon, dass sie $2\,\pi$-periodisch sind. Es gilt für jede p-periodische Funktion f, dass sie auch $k \cdot p$-periodisch ist für alle $k \in \mathbb{Z}$.

An den Graphen von sin und cos (siehe Bild 6.3) können wir noch einiges mehr als Periodizität ablesen. Dass sin ungerade und cos gerade ist, hatten wir schon in (6.4) gesehen. Daher ist der Graph von sin punktsymmetrisch zum Nullpunkt und der von cos symmetrisch zur y-Achse. Weiter erkennen wir, dass der Graph von cos nichts anderes als der um $\frac{\pi}{2}$ nach links verschobene Graph des sin ist. Wenn wir den Graphen von cos um $\frac{\pi}{2}$ nach links verschieben und dann an der x-Achse spiegeln, erhalten wir auch den Graphen von sin. Es gibt noch eine Reihe weiterer Zusammenhänge. Wir haben in Abschnitt 3.4 gelernt, wie man diese mit Translationen und Spiegelungen beschreibt, und wollen das auch hier tun.

Eigenschaften (II) von sin und cos

Für alle $x \in \mathbb{R}$ gilt:

$$\sin(x + \frac{\pi}{2}) = \cos x, \qquad \cos(x + \frac{\pi}{2}) = -\sin x \tag{6.6}$$

$$\sin(\pi - x) = \sin x, \qquad \cos(\pi - x) = -\cos x \tag{6.7}$$

$$\sin(x + \pi) = -\sin x, \qquad \cos(x + \pi) = -\cos x \tag{6.8}$$

$$\sin(\frac{\pi}{2} - x) = \cos x, \qquad \cos(\frac{\pi}{2} - x) = \sin x \tag{6.9}$$

Bemerkung: Diese Eigenschaften kann man sich auch über die Definition von sin und cos am Einheitskreis überlegen. Das ist nicht schwierig und erfordert nur etwas Vertrautheit mit Dreiecken und ihren Eigenschaften. Leserin und Leser sei diese Art der Herleitung als Übung ans Herz gelegt.

Einige Werte von sin und cos

$$\sin\frac{\pi}{6} = \frac{1}{2}, \qquad \sin\frac{\pi}{4} = \frac{1}{2}\sqrt{2}, \qquad \sin\frac{\pi}{3} = \frac{1}{2}\sqrt{3} \tag{6.10}$$

$$\cos\frac{\pi}{6} = \frac{1}{2}\sqrt{3}, \qquad \cos\frac{\pi}{4} = \frac{1}{2}\sqrt{2}, \qquad \cos\frac{\pi}{3} = \frac{1}{2} \tag{6.11}$$

Bemerkung: Die Werte für $\sin\frac{\pi}{4}$ und $\cos\frac{\pi}{4}$ überlegt man sich leicht mit den schon vorher erwähnten Zusammenhängen:

$$\sin\tfrac{\pi}{4} = \sin(\tfrac{\pi}{2} - \tfrac{\pi}{4}) \overset{(6.9)}{=} \cos\tfrac{\pi}{4}$$

Andererseits gilt wegen (6.3)

$$1 = \sin^2\tfrac{\pi}{4} + \cos^2\tfrac{\pi}{4} = 2\sin^2\tfrac{\pi}{4}$$

also $|\sin\frac{\pi}{4}| = \frac{1}{\sqrt{2}}$. Da $\sin\frac{\pi}{4} \geq 0$, folgt $\sin\frac{\pi}{4} = \frac{1}{\sqrt{2}} = \cos\frac{\pi}{4}$.

Additionstheoreme für sin und cos

Für alle $x,\ y \in \mathbb{R}$ gilt:

$$\sin(x \pm y) = \sin x \cos y \pm \cos x \sin y$$
$$\cos(x \pm y) = \cos x \cos y \mp \sin x \sin y$$

Bemerkung:
1. In obiger Formulierung sind zwei Formeln durch Verwendung der Zeichen $\pm$ bzw. $\mp$ in einer zusammengefasst. Wir haben also ein Additionstheorem $\sin(x+y) = \ldots$ mit einem „Subtraktionstheorem" (ein ungebräuchlicher Begriff) zusammengefasst. Das Additionstheorem erhält man jeweils, wenn man von den Zeichen $\pm$ bzw. $\mp$ die obere Variante wählt, das Subtraktionstheorem, wenn man die untere wählt.
2. Das Subtraktionstheorem für sin kann man wie folgt aus dem Additionstheorem herleiten:

$$\begin{aligned}\sin(x-y) &= \sin(x+(-y)) = \sin x \cos(-y) + \cos x \sin(-y)\\ &= \sin x \cos y + \cos x \cdot (-\sin y) = \sin x \cos y - \cos x \sin y.\end{aligned}$$

Dabei haben wir benutzt, dass sin eine ungerade Funktion ist und cos eine gerade.

Aufgaben

6.1 Leiten Sie aus dem Additionstheorem für cos das Subtraktionstheorem her.

6.2 Weisen Sie nach, dass für alle $x, y \in \mathbb{R}$ gilt:
a) $\sin(2\,x) = 2\,\sin x\,\cos x$
b) $\cos(2\,x) = 2\,\cos^2 x - 1$
Hinweis zu a): $2 = 1 + 1$; zu b): Auf der rechten Seite beginnen, Additionstheoreme anwenden und solange umformen, bis die linke Seite erscheint.

6.3 Schwingungen

Offensichtlich kann man mit einiger Berechtigung sagen, dass die Werte von sin und cos zwischen -1 und 1 hin- und herschwingen.

Definition

Sei $A > 0$, $\omega > 0$, $\varphi \in \mathbb{R}$. Eine Funktion $f : \mathbb{R} \longrightarrow \mathbb{R}$ mit

$$f(t) := A\,\sin(\omega\,t + \varphi)$$

heißt **Schwingung** mit **Amplitude** A, **Kreisfrequenz** ω und **Phasenwinkel** φ; t ist die Zeit.

Bemerkungen:
1. Die so definierte Schwingung können wir leicht mit Hilfe der in Abschnitt 3.4 erarbeiteten Methoden verstehen: Sie lässt sich schreiben als Komposition einer Skalierung um den Faktor ω in x-Richtung, einer Translation um $\frac{\varphi}{\omega}$ in x-Richtung, der sin-Funktion, und einer Skalierung um den Faktor A in y-Richtung. Die Funktionswerte von f schwingen dann zwischen $-A$ und A, und zwar periodisch mit der Periode $p = \frac{2\,\pi}{\omega}$. Siehe auch Aufgabe 6.3.
2. Aufgrund des physikalischen Hintergrundes verwendet man bei Schwingungen meist die Variable t (Zeit) und nicht x. Oft trägt t dabei die Einheit Sekunden. Die sin-Funktion schwingt dann in $2\,\pi$ Sekunden genau einmal. Eine Schwingung f mit Kreisfrequenz $\omega = 2\,\pi$ ist 1-periodisch, schwingt also in 1 Sekunde genau einmal. Die Kreisfrequenz trägt dann die Einheit $\frac{1}{\text{Sekunde}}$; diese Einheit wird auch als Hertz (Hz) bezeichnet. Eine Schwingung von 1 Hz schwingt also genau einmal pro Sekunde.

Bild 6.4 zeigt eine Schwingung $f : t \mapsto 3\,\sin(2\,t + 1)$ und zum Vergleich den Graphen der sin-Funktion. f hat also:

- die Amplitude 3, d. h. im Vergleich zum sin die dreifache Amplitude
- $\omega = 2$, d. h. im Vergleich zum sin die doppelte Frequenz und die halbe Periode
- $\varphi = 1$, d. h. der Graph ist im Vergleich zum sin um $\frac{\varphi}{\omega} = 0.5$ nach links verschoben.

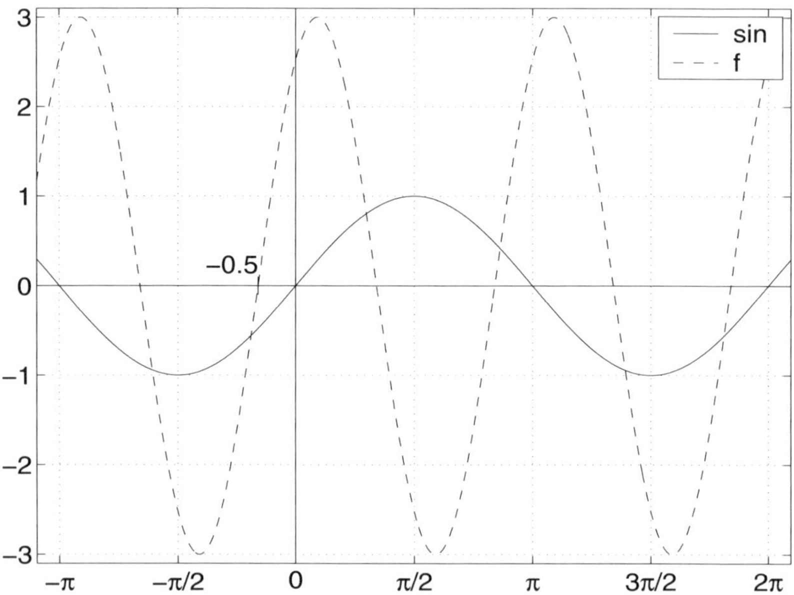

Bild 6.4 Eine Schwingung $f : t \mapsto 3\,\sin(2\,t + 1)$

Aufgabe

6.3 Stellen Sie die Schwingung $f : t \mapsto A\,\sin(\omega\,t + \varphi)$, als Komposition von Translationen, Skalierungen und der sin-Funktion dar, wobei $A > 0$, $\omega > 0$ und $\varphi \in \mathbb{R}$ sind. Weisen Sie nach, dass f die Periode $p = \frac{2\,\pi}{\omega}$ hat.

6.4 Wissenswertes über tan und cot

Aus Bild 6.2 können wir einen mathematischen Zusammenhang zwischen tan und cot einerseits und sin und cos andererseits entnehmen. Wir betrachten dazu das rechtwinklige Dreieck, das von den Strecken der Länge $\sin x$, $\cos x$ und $r = 1$ gebildet wird. Aus der Lage von $\tan x$ und $\cot x$ erkennen wir dann mit dem Strahlensatz (siehe (5.14)):

$$\tan x = \frac{\sin x}{\cos x}, \qquad \cot x = \frac{\cos x}{\sin x} \qquad (6.12)$$

Diese Formeln sollten Sie auswendig kennen, denn aus ihnen kann man praktisch alle Eigenschaften von tan und cot über die entsprechenden Eigenschaften von sin und cos herleiten. Die Formeln gelten für alle x, für die die auftretenden Nenner nicht 0 sind.

Eigenschaften von tan und cot

- Der Definitionsbereich von tan ist $D_{\tan} = \mathbb{R} \setminus \{\frac{\pi}{2} + k\pi \mid k \in \mathbb{Z}\}$, der von cot ist $D_{\cot} = \mathbb{R} \setminus \{k\pi \mid k \in \mathbb{Z}\}$.
- tan und cot sind π-periodisch.
- tan und cot sind ungerade Funktionen.

Es gelten die Formeln

$$\cot x = \frac{1}{\tan x} \text{ für alle } x \in D_{\cot} \qquad (6.13)$$

$$\tan^2 x = \frac{1}{\cos^2 x} - 1 \text{ für alle } x \in D_{\tan} \qquad (6.14)$$

Einige Werte von tan und cot

$$\tan\frac{\pi}{6} = \frac{1}{\sqrt{3}}, \qquad \tan\frac{\pi}{4} = 1, \qquad \tan\frac{\pi}{3} = \sqrt{3} \qquad (6.15)$$

$$\cot\frac{\pi}{6} = \sqrt{3}, \qquad \cot\frac{\pi}{4} = 1, \qquad \cot\frac{\pi}{3} = \frac{1}{\sqrt{3}} \qquad (6.16)$$

Diese Werte erhält man sofort aus den Werten von sin und cos in (6.10) und (6.11). In den Bildern 6.5 und 6.6 sind die Graphen von tan und cot dargestellt.

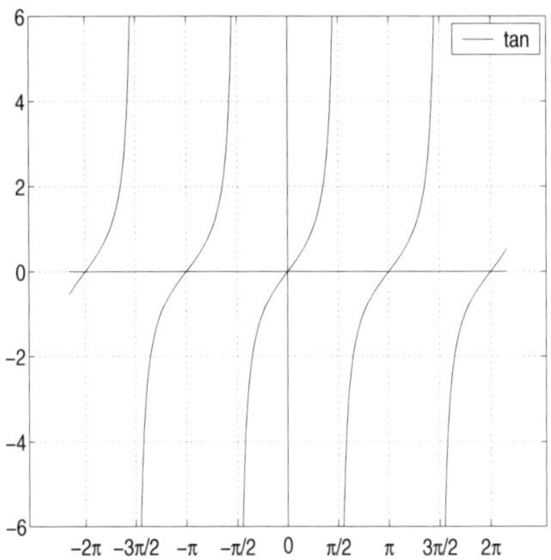

Bild 6.5 Der Graph von tan

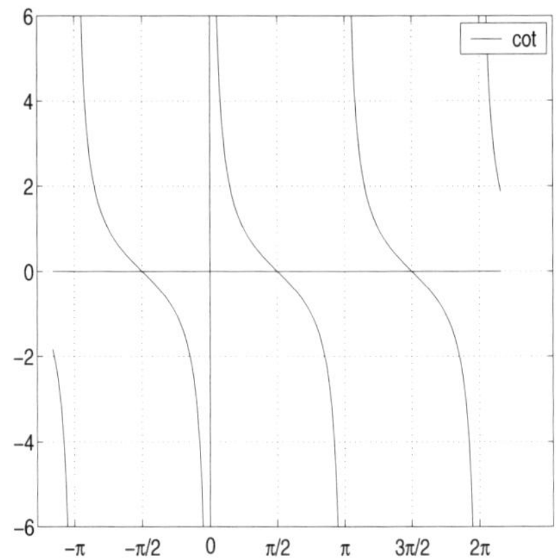

Bild 6.6 Der Graph von cot

Additionstheorem für tan

Für alle $x, y \in \mathbb{R}$, für die $\tan x$, $\tan y$ definiert sind und für die $\tan x \, \tan y \neq 1$ ist, gilt

$$\tan(x \pm y) = \frac{\tan x \pm \tan y}{1 \mp \tan x \, \tan y}$$

Aufgaben

6.4 Weisen Sie nach, dass die Definitionsbereiche von tan bzw. cot $D_{\tan} = \mathbb{R} \setminus \{\frac{\pi}{2} + k\pi \mid k \in \mathbb{Z}\}$ bzw. $D_{\cot} = \mathbb{R} \setminus \{k\pi \mid k \in \mathbb{Z}\}$ sind.

6.5 Weisen Sie nach, dass tan und cot π-periodisch sind.

6.6 Weisen Sie nach, dass tan und cot ungerade Funktionen sind.

6.7 Weisen Sie die Formeln (6.13) und (6.14) nach.

6.8 Leiten Sie das Additionstheorem für tan her.
Hinweis: Zuerst leiten Sie die Formel für $\tan(x+y)$ her, indem Sie in der Formel von der rechten Seite durch Umformungen eine Gleichungskette zur linken Seite finden. Aus der Formel für $\tan(x+y)$ leiten Sie dann die für $\tan(x-y)$ her.

6.5 Die Umkehrfunktionen der trigonometrischen Funktionen

Die trigonometrischen Funktionen sind aufgrund der Periodizität auf $\mathbb{R}$ nicht umkehrbar. Jeder Bildwert wird unendlich oft als Bildwert angenommen, beispielsweise $\sin x = y \iff \sin(x + 2\,k\,\pi) = y$ für alle $k \in \mathbb{Z}$. Wir müssen also, wenn wir diese Funktionen umkehren wollen, den Definitionsbereich einschränken – wie wir es in Kapitel 3 schon gelernt haben.

Umkehrbarkeit von sin und cos

- sin ist auf $[-\frac{\pi}{2}, \frac{\pi}{2}]$ streng monoton steigend.
- Die Bildmenge ist $\sin([-\frac{\pi}{2}, \frac{\pi}{2}]) = [-1, 1]$.

Daher ist $\sin : [-\frac{\pi}{2}, \frac{\pi}{2}] \longrightarrow [-1, 1]$ umkehrbar. Die Umkehrfunktion heißt arcsin; es gilt $\arcsin : [-1, 1] \longrightarrow [-\frac{\pi}{2}, \frac{\pi}{2}]$.

- cos ist auf $[0, \pi]$ streng monoton steigend.
- Die Bildmenge ist $\cos([0, \pi]) = [-1, 1]$.

Daher ist $\cos : [0, \pi] \longrightarrow [-1, 1]$ umkehrbar. Die Umkehrfunktion heißt arccos; es gilt $\arccos : [-1, 1] \longrightarrow [0, \pi]$.

Umkehrbarkeit von tan und cot

- tan ist auf $(-\frac{\pi}{2}, \frac{\pi}{2})$ streng monoton steigend.
- Die Bildmenge ist $\tan((-\frac{\pi}{2}, \frac{\pi}{2})) = \mathbb{R}$.

Daher ist $\tan : (-\frac{\pi}{2}, \frac{\pi}{2}) \longrightarrow \mathbb{R}$ umkehrbar. Die Umkehrfunktion heißt arctan; es gilt $\arctan : \mathbb{R} \longrightarrow (-\frac{\pi}{2}, \frac{\pi}{2})$.

- cot ist auf $(0, \pi)$ streng monoton fallend.
- Die Bildmenge ist $\cot((0, \pi)) = \mathbb{R}$.

Daher ist $\cot : (0, \pi) \longrightarrow \mathbb{R}$ umkehrbar. Die Umkehrfunktion heißt arccot; es gilt $\operatorname{arccot} : \mathbb{R} \longrightarrow (0, \pi)$.

Die arctan-Funktion tritt in Anwendungen häufig auf, da sie dazu dienen kann, Steigungen in Winkel umzurechnen.

Beispiel 6.1

In welchem Winkel ist eine Straße geneigt, wenn ein Verkehrsschild 15 % Gefälle ankündigt?

Lösung: 15 % Gefälle bedeutet, dass die Straße auf 100 m um 15 m fällt (dies sind natürlich nur Richtwerte, ebenso wie die Angabe 15 %; die Wirklichkeit verhält sich nicht so gleichförmig). Bei einer Fortbewegung um 100 m in x-Richtung würde man sich am Ende um 15 m tiefer wieder finden. Aus der Definition von tan am Einheitskreis (siehe Bild 6.2) wissen wir dann, dass für den Neigungswinkel φ gilt: $\tan\varphi = 0.15$. Auflösen nach φ, was gleichbedeutend ist mit der Anwendung des arctan auf beiden Seiten, ergibt: $\varphi = \arctan 0.15 = 0.148\ldots$, was umgerechnet in Grad ein Gefälle von $8.53\,^\circ$ ergibt. ∎

Wahr oder falsch?

6.9 Alle $k\,\pi$ mit $k \in \mathbb{N}$ sind Nullstellen von sin.

6.10 Die Nullstellen von sin sind $k\,\pi$ mit $k \in \mathbb{N}$.

6.11 Es gilt für alle $x \in \mathbb{R}$: $\sin x = \sqrt{1 - \cos^2 x}$.

6.12 tan ist eine $2\,\pi$-periodische Funktion.

6.13 Es gilt für alle $x, y \in \mathbb{R}$: $\sin x = y \iff x = \arcsin y$.

Zusammenfassung

In diesem Kapitel haben wir

- gesehen, wie sich die Werte der sin-, cos-, tan- und cot-Funktion am Einheitskreis veranschaulichen lassen,
- eine Reihe von Zusammenhängen zwischen den trigonometrischen Funktionen formuliert,
- den Begriff der Periodizität eingeführt,
- Schwingungen mit der sin-Funktion beschrieben,
- die trigonometrischen Funktionen auf Umkehrbarkeit untersucht und ihre Umkehrfunktionen arcsin, arccos, arctan, arccot definiert.

7 Einige Tests

Mittlerweile bietet eine Reihe von Hochschulen Studienanfängern Vortests als Hilfe bei der Einschätzung ihres Vorkenntnisstands an. Bei diesen Vortests handelt es sich um schriftliche Tests, die die Bearbeitung einer Reihe von einfachen mathematischen Aufgabenstellungen in einer vorgegebenen Zeit fordern. Am Ergebnis können dann die mathematischen Vorkenntnisse und Rechenfertigkeiten der Einzelnen abgelesen werden. Diese Tests werden (noch) nicht eingesetzt, um die Zulassung zum Studium zu reglementieren; vielmehr geht es darum, den Studienanfängern eine Rückmeldung über ihre Vorkenntnisse zu geben. Damit ein realistisches Bild entsteht, geschieht diese Rückmeldung in der Regel anonym. Die Studierenden können damit ihren Kenntnisstand einschätzen und ggf. entsprechende Maßnahmen zur Verbesserung ihrer Vorkenntnisse treffen.
Gleichzeitig können die Hochschulen am Ergebnis erkennen, wie es um den allgemeinen Stand der mathematischen Vorkenntnisse bestellt ist. Der Arbeitskreis Ingenieurmathematik an Fachhochschulen in Nordrhein-Westfalen hat in den letzten beiden Jahren einen landesweiten Vortest durchgeführt, an dem zuletzt ca. 3500 Anfänger der Ingenieursstudiengänge von 11 Fachhochschulen teilgenommen haben. Die Ergebnisse dazu sind im WWW unter http://www.iuk.fh-dortmund.de/~ingmath veröffentlicht. Teilweise findet man auch im WWW interaktive, online durchzuführende Tests, beispielsweise unter http://www.weblearn.hs-bremen.de/risse/MAI/

Wir geben hier einige typische Tests wieder. Die ersten beiden Tests stellen Teile eines mathematisch-physikalischen Eingangstests des Fachbereichs Elektrotechnik und Informatik der Fachhochschule Bochum dar. Da wir hier die Physik-Aufgaben nicht verwendet haben, wurden Zielpunktzahl und Zeitvorgaben gegenüber dem Originaltest angepasst. Der dritte Test wurde an der Fachhochschule Koblenz auf dem Rhein-Ahr-Campus in Remagen eingesetzt und der vierte Test an der Hochschule Wismar.

An dieser Stelle danke ich Dr. Gabriele Sauerbier und Prof. Dr. Dieter Schott (HS Wismar), Prof. Dr. Peter Harth (FH Koblenz/ Rhein-Ahr-Campus Remagen), Prof. Dr. Martin Sternberg (FH Bochum), die freundlicherweise die an ihren Hochschulen gestellten Eingangstests für dieses Buch zur Verfügung stellten.

Bevor Sie sich an den folgenden Tests versuchen, hier einige

Empfehlungen zur Bearbeitung der Tests

- Schaffen Sie sich klausurähnliche Bedingungen, insbesondere eine störungsfreie Umgebung.
- Halten Sie die Zeitvorgaben und die Bedingungen an Hilfsmittel genau ein, damit Sie ein realistisches Bild Ihrer Vorkenntnisse erhalten.
- Notieren Sie Ihre Ergebnisse auf einem separaten Blatt und nicht direkt im Buch, damit Sie die Tests mehrfach durchführen können. Beim Üben gilt „einmal ist keinmal".
- Bewerten Sie Ihre Ergebnisse kritisch anhand der Lösungen – nur bei vollständig richtiger Lösung dürfen Sie sich die entsprechenden Punkte gut schreiben.
- Üben Sie solange, bis Sie alle Aufgaben souverän innerhalb der vorgegebenen Zeit lösen können.

Ich wünsche Ihnen dabei viel Erfolg.

7.1 Test Nr. 1 der Fachhochschule Bochum

Umfang: 7 Aufgaben
Zeit: 60 Minuten
Hilfsmittel: keine
Bewertung: 1 Punkt für jede richtige Aufgabe
Ziel: 5 Punkte

Aufgaben

T1.1 Fassen Sie soweit wie möglich zusammen:

$$A = 54 \cdot 3^{k-3} + 2 \cdot 3^{k+2} - 24 \cdot 3^{k-1} - 4 \cdot 3^{k+1}$$

$A = \ldots$

T1.2 Der Logarithmus zur Basis 10 wird im Folgenden mit lg bezeichnet. Bestimmen Sie die Lösung der Gleichung $\lg(1000\,x^5) = 9 + \lg(x^2)$

$x = \ldots$

T1.3 Von einem Rechteck sind die Länge der Diagonalen $d = 15$ cm und eine Seitenlänge $a = 12$ cm gegeben. Berechnen Sie den Flächeninhalt in cm^2.

Fläche $=\ldots$

T1.4 Bestimmen Sie die Lösungsmenge der Gleichung: $|2\,x - 10| = |20 - 3\,x|$

Lösungsmenge $= \{\ldots\}$

T1.5 Sie haben die Wahl zwischen zwei Handy-Tarifen:
Tarif A: 16 c pro Gespräch pauschal plus 12 c pro Minute
Tarif B: 15 c pro Minute
Beide rechnen im Sekundentakt ab (es wird sekundengenau berechnet).
Wie viele Sekunden darf ein Gespräch maximal dauern, damit Tarif B für dieses Gespräch preiswerter oder gleich teuer ist?

max. Gesprächsdauer $= \ldots$

T1.6 Berechnen Sie die unbekannte Seitenlänge x:

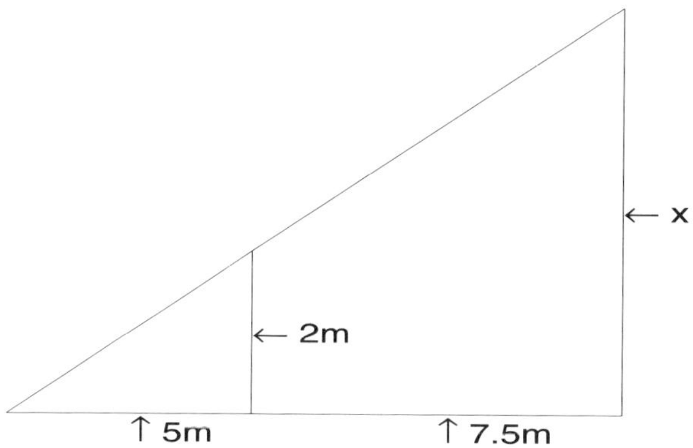

Bild 7.1

$x = \ldots$

T1.7 Hans startet mit seinem Auto und einer Geschwindigkeit von 60 km/h. Franziska startet eine Viertelstunde später an der gleichen Stelle mit einer um 50 % höheren Geschwindigkeit. Nach wie vielen Kilometern hat sie Hans eingeholt? (Beide fahren geradeaus in dieselbe Richtung, Beschleunigungen werden vernachlässigt).

Franziska holt Hans nach … km ein.

7.2 Test Nr. 2 der Fachhochschule Bochum

Umfang: 8 Aufgaben
Zeit: 60 Minuten
Hilfsmittel: keine
Bewertung: 1 Punkt für jede richtige Aufgabe
Ziel: 5 Punkte

Aufgaben

T2.1 Berechnen Sie die Lösung q der folgenden Gleichung: $\sqrt[3]{125\,q^9} = 135$

$q = \ldots$

T2.2 Eine Pumpe benötigt zum Auspumpen einer bestimmten Flüssigkeitsmenge 60 Minuten. Wann ist die Arbeit fertig gestellt, wenn zusätzlich eine Pumpe mit doppelter Leistungsfähigkeit eingesetzt wird?

Dauer:...

T2.3 Für die Anmietung eines PKW liegen zwei Angebote vor. Firma C verlangt 150 € pro Woche und zusätzlich 2 € für jeden gefahrenen Kilometer. Firma D verlangt pauschal 50 € pro Tag. Wie viele Kilometer muss ein Kunde in der Woche fahren, damit sich das Angebot der Firma D lohnt?

D lohnt sich ab ... km.

T2.4 Multiplizieren Sie aus und vereinfachen Sie den Ausdruck soweit wie möglich: $f(z) = \left(\sqrt{z^2+z} - \sqrt{z^2-z}\right)\left(\sqrt{z^2+z} + \sqrt{z^2-z}\right)$

$f(z) = \ldots$

T2.5 Der Logarithmus zur Basis 10 wird im Folgenden mit lg bezeichnet: Berechnen Sie:

$\lg 4 + 2\,\lg 5 = \ldots$

$\lg 12 - \lg 60 - \lg 2000 = \ldots$

T2.6 Berechnen Sie alle Lösungen der Gleichung

$$\frac{12}{2\,x^2+2\,x-4}=\frac{x}{x+2}+\frac{2}{2\,x-2}$$

$x = \ldots$

T2.7 Betrachten Sie das folgende Spannungs-Zeit-Diagramm:

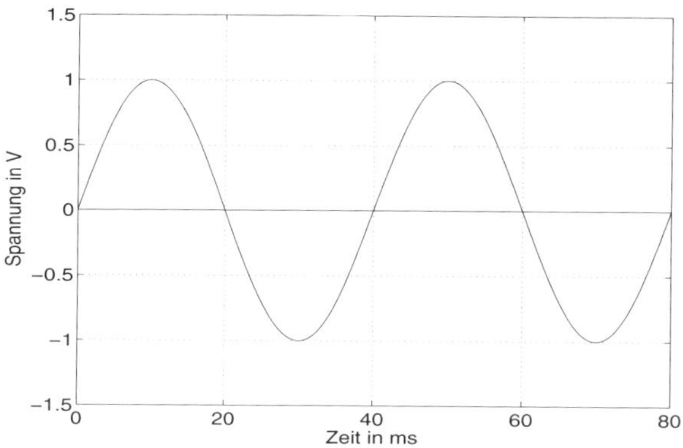

Bild 7.2

Wie groß ist die Frequenz?

Frequenz = ...

Wie verändert sich die Frequenz, wenn sich die Zahl der Schwingungen pro Minute halbiert?

Die Frequenz ist dann ... mal so groß.

T2.8 Aluminiumfolie für den Haushalt ist 0.08 mm dick. Die Folie ist 30 cm breit und 3 m lang und wird auf eine Kunststoffröhre von 4 cm Durchmesser aufgerollt.
Welche Fläche hat die Folie (nicht aufgerollt)?

Fläche =... m^2

Wie viel Lagen der Folie liegen ungefähr übereinander, wenn die Folie auf die Kunststoffröhre aufgerollt wird? Hinweis: Verwenden Sie für alle Lagen den Durchmesser der Kunststoffröhre und rechnen Sie mit $\pi = 3$.

Es liegen ca. ... Lagen übereinander.

7.3 Test der Fachhochschule Koblenz

Umfang: 9 Aufgaben
Zeit: 20 Minuten
Hilfsmittel: keine
Bewertung: 1 Punkt für jede richtige Aufgabe
Ziel: 9 Punkte

Aufgaben

T3.1 Wie viel ccm sind ein achtel Liter?

T3.2 $\dfrac{1}{1.5} = ?$

T3.3 $5^{-3} = ?$

T3.4 $9^{1.5} = ?$

T3.5 $\log 1 = ?$

T3.6 $\tan 45° = ?$

T3.7 Berechnen Sie x aus $a\,x + b\,x = \dfrac{1}{a} + \dfrac{1}{b}$.

T3.8 Ein Bob fährt mit 120 km/h über eine Ziellinie. Wie viele cm legt er in 0.02 sec zurück?

T3.9 Dividieren Sie schriftlich 40654 : 14 bis zur 3. Stelle nach dem Komma.

7.4 Test der Hochschule Wismar

Umfang: 10 Aufgaben
Zeit: 60 Minuten
Hilfsmittel: keine
Bewertung: Jeweils 5 Antworten stehen zur Auswahl. Nur eine Antwort ist richtig! Richtige Antworten werden mit zwei Punkten bewertet. Für falsche Antworten wird ein Punkt abgezogen.
Ziel: mindestens 8 Punkte

T4.1 Der Preis einer bestimmten Sektsorte beträgt 4 €. Wegen der großen Nachfrage wird der Preis um 20 % erhöht. Auf Grund der dann gesunkenen Nachfrage wird der aktuelle Preis um 20 % gesenkt. Wie hoch ist der Preis nach der zweiten Preisänderung?

(A)	(B)	(C)	(D)	(E)
3.64 €	3.84 €	4 €	4.24 €	anderer Betrag

T4.2 Gegenwärtig beträgt die Mehrwertsteuer 16 %. Der Preis inklusive Mehrwertsteuer für ein bestimmtes Automodell beträgt 23500 €. Wie viel Mehrwertsteuer ist in diesem Preis enthalten?

(A)	(B)	(C)	(D)	(E)
3760 €	19740 €	20258.62 €	3241.38 €	anderer Betrag

T4.3 Ein Sparkassenbuch wird mit einem Betrag von 3.200 € angelegt. Es wird mit 3 % Zinsen jährlich verzinst. An 30 Tagen erfolgt die Verzinsung. Dann wird das Sparkassenbuch wieder aufgelöst. Auf welchen Stand ist bis zu diesem Zeitpunkt das Guthaben angewachsen? (1 Bankjahr = 360 Tage)

(A)	(B)	(C)	(D)	(E)
3203.00 €	3208.00 €	3209.25 €	3296.00 €	anderer Betrag

T4.4 Der Anstieg der Geraden $\dfrac{x}{5} + \dfrac{y}{7} = 1$ ist gleich:

(A)	(B)	(C)	(D)	(E)
35	12	$\frac{7}{5}$	$\frac{5}{7}$	$-\frac{7}{5}$

T4.5 Berechnen Sie $\dfrac{17^3}{34^3} \cdot \dfrac{23^3}{69^3}$

(A)	(B)	(C)	(D)	(E)
$\frac{1}{6}$	$\left(\frac{1}{6}\right)^3$	$\left(\frac{1}{5}\right)^3$	$\frac{1}{5}$	$\frac{1}{27}$

T4.6 Berechnen Sie $\dfrac{1+\frac{1}{2}+\frac{2}{3}+\frac{3}{4}}{7}$.

(A)	(B)	(C)	(D)	(E)
$\frac{5}{7}$	$\frac{1}{12}$	$\frac{5}{12}$	$\frac{7}{12}$	anderer Wert

T4.7 Berechnen Sie x aus der Gleichung $7+3\sqrt{2\,x+4}=16$.

(A)	(B)	(C)	(D)	(E)
$x=-2$	$x=0$	$x=2$	$x=2.5$	$x=4$

T4.8 Ein physikalisches Gesetz ermöglicht die Bestimmung einer Kraft F aus den Größen

Geschwindigkeit v (Einheit: 1 m/s),
Masse M (Einheit: 1 kg),
Radius r (Einheit: 1 m).

Bei Anwendung welcher der folgenden fünf Formeln ergibt sich für F die Einheit 1 kg· m/s^2 ?

	(A)	(B)	(C)	(D)	(E)
F=	$M\,v^2/r$	$r\,\sqrt{v\,M}$	$v^2\,r/M$	$r\,v^2\,M$	$M^2\,v\,r$

T4.9 Fließt ein Gleichstrom durch eine verdünnte Kupfersulfatlösung, so entsteht am negativen Pol metallisches Kupfer. Die abgeschiedene Kupfermenge ist sowohl zur Dauer des Stromflusses als auch zur Stromstärke direkt proportional. Bei einer Stromstärke von 0.4 Ampere werden in 15 Minuten 0.12 g Kupfer abgeschieden. Wie lange dauert es, bis bei einer Stromstärke von 1 Ampere 0.24 g Kupfer abgeschieden werden?

(A)	(B)	(C)	(D)	(E)
6 Min.	12 Min.	20 Min.	30 Min.	75 Min.

T4.10 Der Kühler eines PKW fasst 8 Liter Kühlwasser und hat zwei Abfluss-Stutzen. Er kann geleert werden, wenn man z. B. den ersten 5 Minuten und den zweiten 2 Minuten öffnet oder den zweiten 6 Minuten und den ersten 3 Minuten. Welche Wassermenge fließt pro Minute durch jeden der beiden Abfluss-Stutzen?

(A)	(B)	(C)	(D)	(E)
$x=\frac{4}{3}$, $y=\frac{2}{3}$	$x=4$, $y=2$	$x=1$, $y=1.5$	$x=\frac{2}{3}$, $y=1$	andere Werte

dabei bezeichne x die Wassermenge, die pro Minute durch den ersten Abfluss fließt und y die Wassermenge pro Minute durch den zweiten Abfluss.

Lösungen

1.1 a) $-5+c+d$, b) $-5-2\,d-b$, c) $-b-2\,a-3$, d) $c-2+b$

1.2 a) 0 b) $-2\,c\,a\,b+a\,b^2$ c) $a^2-2\,a\,c+b^2$
d) $2\,b\,c$ e) $a^2+a\,c^2+a\,c-a\,b^2$ f) $2\,a^2-2\,b^2-2\,c^2$

1.3 a) $4\,a^2-2\,b^2+c^2$ b) $2\,b\,c+3\,c^2-4\,a\,c-2\,a\,b$
c) $-b^2-2\,a\,c+2\,b\,c$ d) $16\,a\,b-5\,b^2-13\,a^2$

1.4 a) $(2\,a+5\,b)^2$ b) $(13\,x-12\,y)^2$
c) $(x+y+3\,z)\,(x+y-3\,z)$ d) $(x+3\,z+y)\,(x+3\,z-y)$

1.5 a) $(8\,x+7)^2+15=(8+7\,x)^2+15\,x^2$
b) $(2\,x-9\,y)^2-45\,y^2=(3\,x-6\,y)^2-5\,x^2$
c) $(4\,x-7\,y)^2+147\,y^2=(2\,x-14\,y)^2+12\,x^2$
d) $(4\,x-5\,y)^2+75\,y^2=(2\,x-10\,y)^2+12\,x^2$

1.6 a) $(x-7.5)\,(x-6)$ b) $(x+8)\,(x-4.5)$
c) $(x+4)\,(x-23.75)$ d) $(x-0.5)\,(x-17.5)$

1.7 a) $(x-7)\,(x+8)$ b) $(x-18)\,(x-3)$ c) $(x-12)\,(x+4)$
d) $(x-13)\,(x+2)$ e) $(x+7)\,(x-13)$ f) $(x+32)\,(x-32)$

1.8 a)
$$\frac{x+3}{x^2-4}+\frac{x-3}{x-2}=\frac{x+3}{(x+2)\,(x-2)}+\frac{x-3}{x-2}$$
$$=\frac{x+3}{(x+2)\,(x-2)}+\frac{(x-3)\,(x+2)}{(x+2)\,(x-2)}=\frac{x+3+(x-3)\,(x+2)}{(x+2)\,(x-2)}$$
$$=\frac{x^2-3}{(x+2)\,(x-2)}$$

b)
$$\frac{3-x}{x^2-4}+\frac{2\,x+1}{x^2-4\,x+4}=\frac{3-x}{(x+2)\,(x-2)}+\frac{2\,x+1}{(x-2)^2}$$
$$=\frac{(3-x)\,(x-2)}{(x+2)\,(x-2)^2}+\frac{(2\,x+1)\,(x+2)}{(x+2)\,(x-2)^2}$$
$$=\frac{(3-x)\,(x-2)+(2\,x+1)\,(x+2)}{(x+2)\,(x-2)^2}=\frac{x^2+10\,x-4}{(x+2)\,(x-2)^2}$$

c) $$\frac{\frac{x}{x^2-9}}{x-2}+\frac{\frac{7-x}{x^2-6x+9}}{x-1}$$
$$=\frac{x\,(x-2)}{x^2-9}+\frac{(7-x)\,(x-1)}{x^2-6x+9}=\frac{x\,(x-2)}{(x+3)\,(x-3)}+\frac{(7-x)\,(x-1)}{(x-3)^2}$$
$$=\frac{x\,(x-2)\,(x-3)+(7-x)\,(x-1)\,(x+3)}{(x+3)\,(x-3)^2}=\frac{23\,x-21}{(x+3)\,(x-3)^2}$$

d) $$\frac{3}{\frac{x+3}{x-2}}+\frac{\frac{x-102}{x-4}}{x+3}=\frac{3\,(x-2)}{x+3}+\frac{x-102}{(x-4)\,(x+3)}$$
$$=\frac{3\,(x-2)\,(x-4)+x-102}{(x-4)\,(x+3)}=\frac{3\,x^2-17\,x-78}{(x-4)\,(x+3)}$$
$$=\text{(für Fortgeschrittene)}\;\frac{(3\,x-26)\,(x+3)}{(x-4)\,(x+3)}=\frac{3\,x-26}{x-4}$$

1.9 Der Fahrkartenpreis entspricht also dem Netto-Preis plus 16 % Mehrwertsteuer, ist also 116 % des Netto-Preises. Der Netto-Preis eines Fahrkartenpreises von 29.00 € ist also $\frac{29.00}{1.16}$ €, die enthaltene Mehrwertsteuer somit 29.00 € - $\frac{29.00}{1.16}$ € = 4.00 € (gerundet).

1.10 Bei jährlicher Auszahlung des Zinses: Es wird in jedem Jahr nur das Grundkapital von 1000 € verzinst. Dieses wirft im ersten Jahr 1 % von 1000 €, also $0.01 \cdot 1000$ €, also 10 € ab. Im zweiten Jahr entsprechend 2 % von 1000 €, also 20 €, und im dritten Jahr 25 €. Der Gesamtertrag ist also 55 €.
Bei jährlichem Zuwachs des Zinsertrags zum Kapital und Weiterverzinsung: Im ersten Jahr wächst das Kapital auf 1010 € an (1000 € + 1 % davon). Im zweiten Jahr sind nun 1010 € mit 2 % zu verzinsen; der Ertrag im zweiten Jahr ist also $0.02 \cdot 1010$ €, das Kapital wächst zum Ende des zweiten Jahres also an auf $1.02 \cdot 1010$ € = 1030.20 €. Im dritten Jahr wird dieses Kapital mit 2.5 % verzinst, so dass das Kapital auf $1.025 \cdot 1030.20$ € = 1055.955 €, was gerundet auf volle Cent eine Gesamtkapital von 1055.96 € ergibt. Im Vergleich sieht man, dass der Zinseszins einen um 96 Cent höheren Ertrag liefert.

1.11 a) $2^{0.5^{-3}}=2^{2^3}=2^8=256$

b) $$\left(\frac{x^5}{x^{-5}}\right)^{-1}=(x^5\cdot x^5)^{-1}=(x^{10})^{-1}=x^{-10}$$

c) $\left(\frac{a^3\,x^5}{a^{-2}\,x^3}\right)^4 = (a^3\,x^5\,a^2\,x^{-3})^4 = (a^5\,x^2)^4 = a^{20}\,x^8$

d) $(2\,a)^7 + (-a)^7 = 2^7\,a^7 + (-1)^7\,a^7 = 128\,a^7 - a^7 = 127\,a^7$

e) $(-2)^4 + 3\,(-4)^2 + (0.5)^{-4} = 2^4 + 3\cdot 4^2 + (2^{-1})^{-4}$

$= 2^4 + 3\cdot(2^2)^2 + 2^{(-1)\,(-4)} = 2^4 + 3\cdot 2^4 + 2^4 = 5\cdot 2^4 = 80$

f) $7\,(a-b)^3 + 3\,(b-a)^3 = 7\,(a-b)^3 + 3\,(-(a-b))^3$

$= 7\,(a-b)^3 + 3\,(-1)^3\,(a-b)^3 = (7-3)\,(a-b)^3 = 4\,(a-b)^3$

g) $\frac{a+b}{a-b}\cdot(a^2-b^2)^{-1} = (a+b)\,(a-b)^{-1}\,((a+b)\,(a-b))^{-1}$

$= (a+b)\,(a-b)^{-1}\,(a+b)^{-1}\,(a-b)^{-1} = (a-b)^{-2}$

h) $(a^8-1)\,(a^4+1)^{-1} = (a^4+1)\,(a^4-1)\,(a^4+1)^{-1} = a^4-1$

$= (a^2+1)\,(a^2-1) = (a^2+1)\,(a+1)\,(a-1)$

1.12 $1+3+5+\ldots+(2\,n-1) = \sum_{i=1}^{n}(2\,i-1) = \sum_{i=3}^{n+2}(2\,i-5) = \sum_{i=5}^{n+4}(2\,i-9)$

$= \sum_{i=1}^{n}(2\,i-1) = \sum_{i=0}^{n-1}(2\,i+1) = \sum_{i=-2}^{n-3}(2\,i+5)$

$$1+\ldots+\frac{x^n}{n\,!} = \sum_{i=0}^{n}\frac{x^i}{i\,!} = \sum_{i=3}^{n+3}\frac{x^{i-3}}{(i-3)\,!} = \sum_{i=-2}^{n-2}\frac{x^{i+2}}{(i+2)\,!} = x\cdot\sum_{i=0}^{n}\frac{x^{i-1}}{i\,!}$$

$$n\,! = \prod_{i=3}^{n+2}(i-2) = \prod_{i=-1}^{n-2}(i+2) = \prod_{i=0}^{n-1}(i+1) \qquad \prod_{i=1}^{n}2 = 2^n \qquad \sum_{i=0}^{n}0^i = 1$$

$$\sum_{i=0}^{n}x^{0\cdot i} = n+1 \qquad \prod_{i=0}^{n}x^i = x^{\sum_{i=0}^{n}i} \qquad \frac{\prod_{i=1}^{n}i}{\prod_{i=3}^{n-1}i} = 2\,n$$

$$\frac{\prod_{i=1}^{n}4^i}{\prod_{i=2}^{n+1}2^i} = \frac{4}{2^{n+1}}\cdot\prod_{i=2}^{n}\frac{4^i}{2^i} = \frac{4}{2^{n+1}}\cdot\prod_{i=2}^{n}2^i = 2\cdot\prod_{i=2}^{n-1}2^i = \prod_{i=1}^{n-1}2^i$$

1.13 Es werden soviele Dolmetscher benötigt wic es Möglichkeiten gibt, Paare von Sprachen auszuwählen, also $\binom{10}{2} = 45$.

1.14 Mit einem herkömmlichen Taschenrechner wird das nicht klappen, da $150\,! > 10^{99}$ ist. Ohne Taschenrechner ist dies aber ganz einfach: $\binom{150}{2} = \frac{150\,!}{2\,!\cdot 148\,!} = \frac{150\cdot 149}{2} = 75 \cdot 149 = 11175$.

1.15 Für alle $n, k \in \mathbb{N}_0, n \geq k$ gilt:

$$\binom{n}{n-k} \overset{\text{Def.}\,!}{=} \frac{n\,!}{(n-k)\,!\cdot(n-(n-k))\,!} = \frac{n\,!}{(n-k)\,!\cdot k\,!} \overset{\text{Def.}}{=} \binom{n}{k}$$

$$\binom{n}{0} \overset{\text{Def.}\,!}{=} \frac{n\,!}{0\,!\cdot(n-0)\,!} = \frac{n\,!}{n\,!} = 1$$

$$\binom{n}{n} \overset{\text{s.o.}}{=} \binom{n}{n-n} = \binom{n}{0} \overset{\text{s.o.}}{=} 1$$

$$\binom{n}{1} \overset{\text{Def.}\,!}{=} \frac{n\,!}{1\,!\cdot n-1\,!} = \frac{n\,!}{(n-1)\,!} = n$$

$$\binom{n}{n-1} \overset{\text{s.o.}}{=} \binom{n}{n-(n-1)} = \binom{n}{1} \overset{\text{s.o.}}{=} n$$

Falls $k \geq 1$:

$$\binom{n}{k} + \binom{n}{k-1} \overset{\text{Def.}\,!}{=} \frac{n\,!}{k\,!\cdot(n-k)\,!} + \frac{n\,!}{(k-1)\,!\cdot(n-k+1)\,!}$$

$$= \frac{n\,!\cdot(n-k+1)}{k\,!\cdot(n-k)\,!\cdot(n-k+1)} + \frac{n\,!\cdot k}{(k-1)\,!\cdot(n-k+1)\,!\cdot k}$$

$$= \frac{n\,!\cdot(n-k+1)+n\,!\cdot k}{k\,!\cdot(n-k+1)\,!} = \frac{n\,!\cdot(n-k+1+k)}{k\,!\cdot(n-k+1)\,!}$$

$$= \frac{n\,!\cdot(n+1)}{k\,!\cdot(n-k+1)\,!} = \frac{(n+1)\,!}{k\,!\cdot(n+1-k)\,!} = \binom{n+1}{k}$$

1.16

```
                    1
                1       1
            1       2       1
        1       3       3       1
    1       4       6       4       1
1       5      10      10       5       1
```

1.17 $n=0: (a-b)^0 = \sum_{i=0}^{0} \binom{0}{i} a^i (-b)^{0-i} = \binom{0}{0} a^0 (-b)^{0-0} = 1$

$$n=1: (a-b)^1 = \sum_{i=0}^{1} \binom{1}{i} a^i (-b)^{1-i}$$
$$= \binom{1}{0} a^0 (-b)^{1-0} + \binom{1}{1} a^1 (-b)^{1-1} = -b + a$$

$$n=2: (a-b)^2 = \sum_{i=0}^{2} \binom{2}{i} a^i (-b)^{2-i}$$
$$= \binom{2}{0} a^0 (-b)^{2-0} + \binom{2}{1} a^1 (-b)^{2-1} + \binom{2}{2} a^2 (-b)^{2-2}$$
$$= (-b)^2 + 2\,a\,(-b) + a^2 = b^2 - 2\,a\,b + a^2$$

$$n=3: (a-b)^3 = \sum_{i=0}^{3} \binom{3}{i} a^i (-b)^{3-i}$$
$$= \binom{3}{0} a^0(-b)^3 + \binom{3}{1} a^1(-b)^2 + \binom{3}{2} a^2(-b)^1 + \binom{3}{3} a^3(-b)^0$$
$$= (-b)^3 + 3\,a\,(-b)^2 + 3\,a^2\,(-b) + (-b)^3 = -b^3 + 3\,a\,b^2 - 3\,a^2\,b + a^3$$

Im Fall $n=2$ erkennen wir die zweite binomische Formel wieder.

2.1 a) Es handelt sich um eine quantifizierte Aussageform. Die Aussageform lautet „wenn die Quersumme von x durch 3 teilbar ist, dann ist x durch 3 teilbar“. Diese wiederum setzt sich aus zwei Aussageformen zusammen:
$A(x)$: die Quersumme von x ist durch 3 teilbar.
$B(x)$: x ist durch 3 teilbar.
Damit gilt: $A \iff$ Für alle $x \in \mathbb{R}$ gilt: $A(x) \Longrightarrow B(x)$.
Somit ist die Negation:
$\neg A \iff$ Es gibt ein $x \in \mathbb{R}$ mit: $A(x) \wedge (\neg B(x))$,
was wiederum äquivalent zu „Es gibt ein $x \in \mathbb{R}$ mit: Die Quersumme von x ist durch 3 teilbar, aber x ist nicht durch 3 teilbar“ ist.
Man beachte, dass die Aussage A wahr ist. Darüberhinaus ist sogar die Aussage A_1: „Für alle $x \in \mathbb{R}$ gilt: $A(x) \iff B(x)$“ wahr. Vergewissern Sie sich, dass Sie den logischen Unterschied zu Aussage A erkennen: A_1 ist eine Verschärfung von A, denn A lässt offen, ob auch Zahlen, deren Quersumme nicht durch 3 teilbar ist, durch 3 teilbar sind. A_1 dagegen schließt das aus, denn A_1 besagt auch, dass jede durch 3 teilbare Zahl eine durch 3 teilbare Quersumme besitzt.

b) Es handelt sich um eine quantifizierte Aussageform. Analyse:
$A(x)$: x ist gerade.
$B(x)$: x ist Teiler von 27.
Dann gilt: $B \iff$ Es gibt ein $x \in \mathbb{R}$ mit: $A(x) \wedge B(x)$.
Somit haben wir für die Negation (De Morgan'sche Regeln):
$\neg B \iff$ Für alle $x \in \mathbb{R}$ gilt: $\neg(A(x) \wedge B(x))$, also
$\neg B \iff$ Für alle $x \in \mathbb{R}$ gilt: $(\neg A(x)) \vee (\neg B(x))$.
$\neg B$ lautet also: „Alle Zahlen sind ungerade oder nicht Teiler von 27."
$\neg B$ ist eine wahre Aussage, denn jede Zahl ist entweder ungerade oder gerade, und gerade Zahlen sind stets nicht Teiler von 27. Man beachte, dass $\neg B$ nicht äquivalent ist zu „Alle Zahlen sind ungerade oder alle Zahlen sind nicht Teiler von 27". Diese Aussage ist auch falsch, während $\neg B$ ja wahr ist. Der Unterschied liegt in der Klammerung des „Für alle gilt", und dass Klammern in der Bedeutung von Ausdrücken einen gravierenden Unterschied ausmachen können, haben wir schon in Kapitel 1 gesehen.
c) Es handelt sich um eine quantifizierte Aussageform. Eine Möglichkeit der Analyse lautet:
$A(x)$: x besteht die Mathematik-Klausur.
Dann gilt: $C \iff$ Für alle gut vorbereiteten Studierenden x gilt: $A(x)$
Somit haben wir für die Negation:
$\neg C \iff$ Es gibt einen gut vorbereiteten Studierenden x mit: $\neg A(x)$, was wiederum äquivalent ist zu „Es gibt einen gut vorbereiteten Studierenden x mit: x besteht die Mathematik-Klausur nicht"
Eine Variante der Analyse ist:
$A(x)$: x ist gut vorbereitet.
$B(x)$: x besteht die Mathematik-Klausur.
Dann gilt: $C \iff$ „Für alle Studierenden x gilt: Wenn x gut vorbereitet ist, besteht x die Mathematik-Klausur", also:
$C \iff$ Für alle Studierenden x gilt: $A(x) \Longrightarrow B(x)$
Somit haben wir für diese Variante für die Negation:
$\neg C \iff$ Es gibt einen Studierenden x mit: $A(x) \wedge (\neg B(x))$, was äquivalent ist zu „Es gibt einen Studierenden x mit: x ist gut vorbereitet und besteht die Mathematik-Klausur nicht." Wir erkennen, dass diese Formulierung sich nur sprachlich von der Negation der ersten Variante unterscheidet – logisch und inhaltlich sind beide Formulierungen identisch.
Man beachte, dass Aussage C nicht behauptet, dass schlecht vorbereitete Studierende durch die Klausur fallen. Aussage C enthält ja eine Folgerung, keine Äquivalenz. Eine entsprechende Äquivalenzaussage wäre:

Für alle Studierenden gilt: sie bestehen die Mathematik-Klausur *genau dann, wenn* sie gut vorbereitet sind.

2.2 Wir negieren die Definition für $A \subseteq M$ und erhalten: $A \not\subseteq M$ genau dann, wenn es ein $x \in A$ gibt mit $x \notin M$.

2.3 $A = \{1, 2\}$, $B = \{\text{L, e, i, p, z, g}\}$, $C = \{3\}$, $D = \emptyset$

2.4 $A \cup B = A$, da $B \subset A$; $A \setminus B = \{5, 6, 7, 8, 9\}$; $B \setminus A = \emptyset$, da $B \subset A$; $C \cap D = \emptyset$; $A \cap C = \{2, 4, 6, 8\}$; $A \cap D = \{1, 3, 5, 7, 9\}$; $C \setminus D = C$; $D \setminus C = D$.

2.5 Richtig: Dies ist eine Folge der De Morgan'schen Regeln.

2.6 Falsch: $4 \leq 5$ ist wahr, denn $4 \leq 5 \iff (4 < 5$ oder $4 = 5)$ und $4 < 5$ ist ja wahr.

2.7 Richtig: Anschaulich an der Zahlengeraden klar.

2.8 Falsch: Beispielsweise ist $[1, 2] \cup [2, 3]$ kein Intervall, da es keinen zusammenhängenden Teil der Zahlengeraden darstellt.

3.1 $f : X \longrightarrow f(X)$ ist nicht umkehrbar, wenn es $x_1, x_2 \in X$ gibt mit $f(x_1) = f(x_2)$ und $x_1 \neq x_2$.

3.2 a) f_1 ist umkehrbar auf ganz $\mathbb{R}$, denn zu jedem $y \in \mathbb{R}$ gibt es ein $x \in \mathbb{R}$ mit $f_2(x) = y$, nämlich $x = y - 3$. Daher ist die Bildmenge $f_1(\mathbb{R}) = \mathbb{R}$ und es gilt $f^{-1}(y) = y - 3$.
b) Die Bildmenge von f_2 ist offensichtlich $f_2(\mathbb{R}) = \{x \in \mathbb{R} \mid x \geq 3\}$, vgl. Beispiel 3.3, der Graph von f_2 ist nur um 3 nach oben verschoben. Die Bestimmung der Umkehrfunktion benötigt die Wurzelfunktion, genauso wie in Beispiel 3.7. Zu jedem $y \geq 3$ gibt es ein $x \geq 0$ mit $y = f_2(x) = x^2 + 3$, nämlich $x = \sqrt{y-3}$ (denn $f_2(\sqrt{y-3}) = (\sqrt{y-3})^2 + 3 = y - 3 + 3 = y$). Also ist $f_2^{-1}(y) = \sqrt{y-3}$.
c) f_3 hat gewisse Ähnlichkeit mit f_2, bitte genau hinschauen. Die Bildmenge von f_3 ist offensichtlich $f_3(\mathbb{R}) = \mathbb{R}_+$, vgl. Beispiel 3.3, der Graph von f_3 ist nur um 3 nach links verschoben. Um Umkehrbarkeit zu gewährleisten, muss der Definitionsbereich von f_3 (der zunächst $\mathbb{R}$ ist) eingeschränkt werden auf $\{x \in \mathbb{R} \mid x \geq -3\}$. Die Bestimmung der Umkehrfunktion benötigt die Wurzelfunktion, genauso wie in Beispiel 3.7. Zu jedem $y \in \mathbb{R}_+$ gibt es ein $x \geq -3$ mit $y = f_3(x) = (x+3)^2$, nämlich $x = \sqrt{y} - 3$ (denn $f_3(\sqrt{y} - 3) = (\sqrt{y} - 3 + 3)^2 = y$). Also ist $f_3^{-1}(y) = \sqrt{y} - 3$.

3.3 Wir hatten schon in Bild 3.3 gesehen, dass – mit Ausnahme von 0 – alle Elemente der Bildmenge von $f(x) = x^2$ gleich zweimal als Bild angenommen werden, so dass f auf $\mathbb{R}$ nicht umkehrbar ist. Die Einschränkung des Definitionsbereichs auf $\mathbb{R}_+$ erlaubt hingegen die Umkehrung von f und führt, siehe Beispiel 3.7, auf $f^{-1}(x) = \sqrt{x}$. Um eine andere Umkehrfunktion zu finden, muss der Definitionsbereich also auf andere Weise eingeschränkt werden, nämlich auf $\{x \in \mathbb{R} \mid x \leq 0\}$. Damit wird $f : \{x \in \mathbb{R} \mid x \leq 0\} \longrightarrow \mathbb{R}_+$ umkehrbar. Die dazugehörige Umkehrfunktion ist $f^{-1}(x) = -\sqrt{x}$ (denn zwei Zahlen, die dasselbe Quadrat besitzen, unterscheiden sich nur im Vorzeichen; da wir die positive Zahl, die quadriert $x \geq 0$ ergibt, schon mit $\sqrt{x}$ bezeichnet haben, ist die gesuchte negative also $-\sqrt{x}$. (Beachten Sie dazu auch den späteren Abschnitt 3.5).

3.4 f ist nicht streng monoton steigend, wenn es x, y gibt mit $x < y$ und $f(x) \geq f(y)$.

3.5 Wir setzen $g := f_2 \circ f_3$. Dann ist $f = f_1 \circ g$. Also ist f umkehrbar, falls f_1 und g umkehrbar sind. g wiederum ist umkehrbar, wenn f_2 und f_3 umkehrbar sind, und es gilt dann $g^{-1} = f_3^{-1} \circ f_2^{-1}$. Wenn also f_1, f_2 und f_3 umkehrbar sind, so ist auch g umkehrbar und damit f und es gilt: $f^{-1} = (f_1 \circ g)^{-1} = g^{-1} \circ f_1^{-1} = (f_3^{-1} \circ f_2^{-1}) \circ f_1^{-1} = f_3^{-1} \circ f_2^{-1} \circ f_1^{-1}$. Auch hier beobachten wir also wieder die Umkehrung der Reihenfolge.

3.6 a), $f_1(x) = \dfrac{1}{x^2}$: Offensichtlich wird in f_1 zuerst quadriert und dann der Kehrwert gebildet. Mit $f(x) := x^2$ und $g(x) := \dfrac{1}{x}$ gilt also $f_1 = g \circ f$. (Nebenbei: Was ist in diesem Fall eigentlich $f \circ g$?) Da $f^{-1}(x) = \sqrt{x}$ und $g^{-1}(x) = \dfrac{1}{x}$ ist, folgt $f_1^{-1}(x) = (f^{-1} \circ g^{-1})(x) = \sqrt{\dfrac{1}{x}}$.

b) $f_2(x) = \dfrac{3}{x^2+4}$: Hier wird zuerst quadriert, dann 4 addiert, und dann der dreifache Kehrwert gebildet. Mit $f(x) := x^2$, $g(x) := \dfrac{3}{x}$, $h(x) := x + 4$ gilt also $f_2 = g \circ h \circ f$. Da $f^{-1}(x) = \sqrt{x}$, $g^{-1}(x) = \dfrac{3}{x}$, $h^{-1}(x) = x - 4$ ist, folgt $f_2^{-1}(x) = (f^{-1} \circ h^{-1} \circ g^{-1})(x) = \sqrt{\dfrac{3}{x} - 4}$.

c) $f_3(x) = \dfrac{2}{(x+2)^2+4}$: Hier wird zuerst 2 addiert, dann quadriert, dann 4 addiert und dann der doppelte Kehrwert gebildet. Mit $f(x) :=$

x^2, $g(x) := \dfrac{2}{x}$, $h_2(x) := x+2$, $h_4(x) := x+4$ folgt $f_3 = g \circ h_4 \circ f \circ h_2$. Da $f^{-1}(x) = \sqrt{x}$, $g^{-1}(x) = \dfrac{2}{x}$, $h_2^{-1}(x) = x-2$, $h_4^{-1}(x) = x-4$ ist, folgt $f_3^{-1}(x) = (h_2^{-1} \circ f^{-1} \circ h_4^{-1} \circ g^{-1})(x) = \sqrt{\dfrac{2}{x} - 4} - 2$.

3.7 a) $\dfrac{1}{\sqrt[6]{y}}$ b) $(\sqrt{x}\,\sqrt[3]{y})^7$ c) $\dfrac{3}{\sqrt[3]{y}\sqrt{x}}$

3.8 a) $-4\sqrt{21}$ b) $30 + 19\sqrt{2}$ c) $-\dfrac{1}{4}(\sqrt{3} + \sqrt{2} + 1)$

3.9 a) $y = 3\,(x-2)^2 + 7$, $S = (2,\,7)$, nach oben geöffnet;
b) $y = -7\,(x+3)^2 - 2$, $S = (-3,\,-2)$, nach unten geöffnet;
c) $y = -5\,(x-1)^2 + 2$, $S = (1,\,2)$, nach unten geöffnet;
d) $y = 4\,(x+7)^2$, $S = (-7,\,0)$, nach oben geöffnet.

3.10 a) Wenn wir definieren $f(x) := x$ sowie eine Translation $t_1(x) := x + b$ und eine Skalierung $s(x) := a\,x$, so erhalten wir $a\,x + b = (t_1 \circ s \circ f)(x)$. Die Gerade entsteht also aus der ersten Winkelhalbierenden, indem man letztere in x-Richtung um den Faktor $\frac{1}{a}$ dehnt und anschließend in y-Richtung um b nach oben verschiebt. – Variante: Setzt man $t_2(x) := x + \frac{b}{a}$, so erhält man $a\,x + b = a\,(x + \frac{b}{a}) = (s \circ t_2 \circ f)(x)$. Die Gerade entsteht also ebenfalls aus der ersten Winkelhalbierenden, indem man letztere in x-Richtung um $\frac{b}{a}$ nach links verschiebt und anschließend in y-Richtung um den Faktor a dehnt.
b) Wir definieren $f(x) := x^2$, zwei Translationen $t_1(x) := x + \frac{b}{2\,a}$, $t_2(x) := x + c - \frac{b^2}{4\,a}$, sowie eine Skalierung $s(x) := a\,x$. Dann gilt, wie man aus Gleichung (3.1) sieht: $a\,x^2 + b\,x + c = (t_2 \circ s \circ f \circ t_1)(x)$. Die Parabel entsteht also aus der Normalparabel $y = x^2$, indem man letztere in x-Richtung um $\frac{b}{2\,a}$ nach links verschiebt, dann in y-Richtung um den Faktor a dehnt, und anschließend in x-Richtung um $c - \frac{b^2}{4\,a}$ nach links verschiebt.

3.11 a) $x^2 - x + 3$, Rest $-25\,x^2 + 16\,x$ b) $4\,x^3 - x^2 + 5\,x + 9$, Rest $16\,x$
c) $x^2 - 1$, Rest 0 d) $2\,x + 11$, Rest -22

3.12 a) Wir schreiben $y = \dfrac{1}{a\,x+b} = \dfrac{1}{a\,(x + \frac{b}{a})}$, erkennen darin die Translation $t : x \mapsto x + \frac{b}{a}$ und die Skalierung $s : x \mapsto a\,x$ und haben damit: $y = (f \circ s \circ t)(x)$. Variante: $y = \dfrac{1}{a\,x+b} = \dfrac{1}{a}\,\dfrac{1}{x + \frac{b}{a}}$, t wie vorher, aber

nun $s : x \mapsto \frac{1}{a}\, x$ und damit: $y = (s \circ f \circ t)(x)$.
b) Aus (3.1) erhalten wir:
$$y = \frac{1}{a\,x^2 + b\,x + c} = \frac{1}{a} \cdot \frac{1}{(x + \frac{b}{2\,a})^2 - \frac{b^2}{4\,a^2} + \frac{c}{a}}$$
Mit $f(x) = (x^2 - \frac{b^2}{4\,a^2} + \frac{c}{a})^{-1}$, der Translation $t : x \mapsto x + \frac{b}{2\,a}$ und der Skalierung $s : x \mapsto \frac{1}{a}\, x$ gilt also: $y = (s \circ f \circ t)(x)$.

3.13 $\lg 4 + 2\,\lg 5 = \lg 4 + \lg 5^2 = \lg 4 + \lg 25 = \lg 4 \cdot 25 = \lg 100 = 2$.
$\mathrm{e}^{5\,\ln 2} = \mathrm{e}^{\ln(2^5)} = 2^5 = 32$. $\qquad \lg 3000 - \lg 3 = \lg \frac{3000}{3} = \lg 1000 = 3$.

3.14 Wie immer fangen wir beim Herleiten von Gleichungen mit der komplizierten Seite an und entwickeln eine Gleichungskette:
$$\ln\left(\frac{x}{y}\right) = \ln\left(x\frac{1}{y}\right) \overset{(3.2)}{=} \ln x + \ln\frac{1}{y} = \ln x + \ln(y^{-1}) \overset{(3.4)}{=} \ln x - \ln y.$$

3.15 Der Fehler steckt in $(\mathrm{e}^{(\ln x)^2})^{0.5} = \mathrm{e}^{(\ln x)^{2 \cdot 0.5}}$. (Alle anderen Umformungen und die Schlussfolgerung wären nicht zu beanstanden.) In der linken Seite der Gleichung bezieht sich der Exponent 2 nur auf die Basis $\ln x$ – deshalb ist sie ja geklammert! Es wird aber so gerechnet, als bezöge sich der Exponent 2 auf die Basis $\mathrm{e}^{(\ln x)}$, dies ist aber etwas anderes: $\mathrm{e}^{(\ln x)^2} \neq (\mathrm{e}^{\ln x})^2 = x^2$. Wenn Sie diesen Fehler nicht gefunden haben, ist dringend angeraten, die Potenzrechenregeln noch einmal genauestens einzuüben (siehe Kapitel 1).

3.16 $10^{8.25-7.1} = 10^{1.15} = 14.125\ldots$

3.17 a) Er verringert sich um $\lg 150 = 2.17\ldots$
b) Die Hydroniumionenkonzentration muss um den Faktor 100 verkleinert werden.

3.18 a) $c = \frac{\ln 2}{3} = 0.231\ldots$ mit der Einheit $\frac{1}{Stunden}$.
b) Nach $6 = 3 \cdot 2$ Stunden ist der Nikotin-Gehalt noch $(\frac{1}{2})^3 = \frac{1}{8}$ vom Ausgangswert vor dem Flug.

3.19 Falsch: Dies ist das Erkennungszeichen für Umkehrbarkeit! Falls Sie hier falsch gelegen haben, sollten Sie üben auf den genauen Wortlaut zu achten.

3.20 Falsch: Jede Parallele zur y-Achse lässt sich nicht so schreiben – die Steigung ist gewissermaßen unendlich groß. Und: Parallelen zur y-Achse können gar nicht der Graph einer Funktion sein, denn hier werden einem x mehrere, ja sogar unendlich viele y-Werte zugeordnet.

3.21 Richtig: Man kann ja als Nennerpolynom einfach das konstante Polynom $q(x) = 1$ wählen.

3.22 Falsch: Beispielsweise ist die rationale Funktion $f(x) = \dfrac{1}{x^2+1}$ auf ganz $\mathbb{R}$ definiert.

3.23 Falsch: Die Variable x kommt bei einem Polynom nie im Exponenten vor.

3.24 Richtig: Für solche Polynome p gilt $p(x) = p(-x)$ für alle x, denn es gilt $x^n = (-x)^n$ für alle x, wenn n gerade ist.

3.25 Falsch: ln ist nur auf $\mathbb{R}_+ \setminus \{0\}$ definiert.

3.26 Richtig: Die Umkehrfunktion einer streng monoton steigenden Funktion ist immer streng monoton steigend.

3.27 Falsch: Es ist genau anders herum: $\ln \mathrm{e} = 1$ und $\ln 1 = 0$.

4.1 a) $\mathbb{L} = \{1, 2.6\}$, b) $\mathbb{L} = \{0, 3.5\}$, c) $\mathbb{L} = \{0, -3.5\}$, d) $\mathbb{L} = \{-2\}$, e) $\mathbb{L} = \{-6.5, -4.25\}$, f) $\mathbb{L} = \{-4.5, -2.5\}$, g) $\mathbb{L} = \emptyset$, h) $\mathbb{L} = \{-19, 1\}$, i) $\mathbb{L} = \{-1.5, -10.5\}$. Bei h) und i) dividiert man zuerst durch den Betrag auf der rechten Seite, um – wie in e) und f) – auf nur einen Ausdruck mit einem Betrag zu gelangen.

4.2 a) $\mathbb{L} = \{-4, 6\}$, b) $\mathbb{L} = \{-5, 6\}$, c) $\mathbb{L} = \{2, 7\}$, d) $\mathbb{L} = \{13, 17\}$, e) $\mathbb{L} = \{0, 6\}$, f) $\mathbb{L} = \{-3, 9\}$

4.3 a) Durch Umformungen gelangt man zu $x = -0.5 \vee x = 2.5$. Die Probe zeigt, dass für $x = 2.5$ die Gleichung nicht erfüllt ist. Also: $\mathbb{L} = \{-0.5\}$
b) $\mathbb{L} = \{-\sqrt{3}, \sqrt{3}\}$ c) $\mathbb{L} = \{-18, -2\}$ d) $\mathbb{L} = \{\frac{1}{9}\}$

4.4 a) $D = \mathbb{R} \setminus \{-\frac{2}{3}\}$, $f^{-1}(x) = \dfrac{1+2x}{3x-2}$, $f(D) = \mathbb{R} \setminus \{\frac{2}{3}\}$

b) $D = \mathbb{R} \setminus \{\frac{2}{9}\}$, $f^{-1}(x) = \dfrac{-3+2x}{-4+9x}$, $f(D) = \mathbb{R} \setminus \{\frac{4}{9}\}$

c) $D = \{x \mid x \geq 8\}$, $f^{-1}(x) = 4\,\dfrac{2x^2+1}{x^2}$, $f(D) = \mathbb{R} \setminus \{0\}$

4.5 a) Vorgehen wie in Beispiel 4.9 a): Mit $y = x^2$ erhält man die Lösungen $y = 7$ und $y = 8$ und daraus für x die Lösungsmenge $\mathbb{L} = \{-\sqrt{8}, -\sqrt{7}, \sqrt{7}, \sqrt{8}\}$.
b) Vorgehen wie in Beispiel 4.9 b): Mit $z = \mathrm{e}^x$ erhält man $(z-y)^2 =$

y^2+1, woraus für alle Werte von y die Wurzel gezogen werden kann. Dies führt auf $z = y \pm \sqrt{y^2+1}$. Es gilt nun $y - \sqrt{y^2+1} < 0$ (da $\sqrt{y^2+1} > \sqrt{y^2} = |y| \geq y$), damit kann $x = \ln z$ nur für $z = y + \sqrt{y^2+1}$ berechnet werden. Ergebnis: für alle y ist $\mathbb{L} = \{\ln(y + \sqrt{y^2+1})\}$.
c) Wenn wir durch x dividieren, erhalten wir dieselbe Gleichung wie in a). Bei der Division durch x würde uns aber die Lösung $x = 0$ verloren gehen (Wir dürfen ja nur durch x dividieren, wenn $x \neq 0$ ist). Besser ist es daher, x auszuklammern und jeden der Faktoren gleich Null zu setzen. Dann erhalten wir die Lösung $x = 0$ sowie die Lösungsmenge aus a), also isngesamt $\mathbb{L} = \{-\sqrt{8}, -\sqrt{7}, 0, \sqrt{7}, \sqrt{8}\}$.
d) Wenn wir $y = x^3$ setzen, erhalten wir dieselbe Gleichung für y wie in Beispiel 4.9 a), also auch dieselbe Lösung für y, nämlich $y = 5$ und $y = -3$. Anders als im Beispiel a) finden wir hier jedoch für beide y-Werte zugehörige x-Werte, dafür aber nur für jeden y-Wert einen x-Wert. Ergebnis für x: $\mathbb{L} = \{-\sqrt[3]{3}, \sqrt[3]{5}\}$.
e) Hier führt die Ersetzung $y = \ln x$ auf die Gleichung $y^2 - 7y + 12 = 0$, welche die Lösungen $y = 3$ und $y = 4$ hat. Aus $y = \ln x$ erhalten wir $x = \mathrm{e}^y$ und damit für x die Lösungsmenge $\mathbb{L} = \{\mathrm{e}^3, \mathrm{e}^4\}$.
f) Man beachte hier genau die Klammern. Aus den Rechenregeln für den Logarithmus wissen wir ohne noch einmal nachschlagen zu müssen, dass $\ln(x^{13}) = 13 \ln x$ gilt. Damit können wir wie in e) $y = \ln x$ ersetzen, erhalten die Gleichung $y^2 - 13y - 30 = 0$, daraus die Lösungen $y = 10$ und $y = -2$, und daraus wiederum für x $\mathbb{L} = \{\mathrm{e}^{-2}, \mathrm{e}^{10}\}$.

4.6 a) $\mathbb{L} = \{(2, -1)\}$ b) $\mathbb{L} = \{(23, 11)\}$
c) $\mathbb{L} = \{(x, 4 - 3x) \mid x \in \mathbb{R}\}$ d) $\mathbb{L} = \{(6, 7), (-1, 0)\}$
e) $\mathbb{L} = \{(17, 3), (24, -4)\}$ f) $\mathbb{L} = \{(11, 2), (11, -2)\}$

4.7 Gesucht: Gesamtanzahl n aller Professoren an der Hochschule.
Vorgegeben: $35 + \frac{20}{100}n + \frac{1}{3}n = n$
Lösung: Aus der Vorgabe folgt: $n = 35 + (\frac{1}{5} + \frac{1}{3})n = 35 + \frac{8}{15}n$, also $\frac{7}{15}n = 35$, also $n = 35\,\frac{15}{7} = 5 \cdot 15 = 75$. An der Hochschule arbeiten also 75 Professoren.

4.8 Gesucht: Länge x und Breite y des Grundstücks.
Vorgegeben: Umfang von 200 m, d. h. $2x + 2y = 200$.
Flächeninhalt $= 2275$ m^2, also $xy = 2275$.
Lösung: Aus der ersten Gleichung erhalten wir $y = 100 - x$; dies in die zweite Gleichung eingesetzt ergibt: $2275 = xy = x(100 - x) = -x^2 + 100x$, also $x^2 - 100x + 2275 = 0$, was auf die Lösungen $x = 35$ und $x = 65$ führt. Unter Benutzung der ersten Gleichung berechnet sich

y zu $y = 65$ bzw. $y = 35$. Die Fläche muss also eine Länge von 65 m und eine Breite von 35 m haben.

4.9 Gesucht: x bei Teilungsverhältnis $1 : x$.
Vorgegeben: Der kleinere Teil verhält sich zum größeren wie der größere zum ganzen: $1 : x = x : (1 + x)$.
Lösung: Wir haben die Gleichung $1 : x = x : (1 + x)$ zu lösen:
$$\frac{1}{x} = \frac{x}{1+x} \iff 1 = \frac{x^2}{1+x} \iff 1 + x = x^2 \iff x = \frac{1}{2}(1 \pm \sqrt{5})$$
Die Lösung $x = \frac{1}{2}(1 - \sqrt{5})$ kommt nicht in Frage, da sie negativ ist. Es bleibt $x = \frac{1}{2}(1 + \sqrt{5}) \approx 1.618$. Die Linie muss also im Verhältnis 1:1.618 geteilt werden.

4.10 a) $\mathbb{L} = \mathbb{R}\backslash\{4\}$, b) $\mathbb{L} = \emptyset$, c) $\mathbb{L} = (-\infty, 2)$, d) $\mathbb{L} = \mathbb{R}\backslash[-0.5, 0)$,
e) $\mathbb{L} = \mathbb{R} \setminus [-2, -1.5]$, f) $\mathbb{L} = \mathbb{R} \setminus [0.4, 0.5]$

4.11 a) $\mathbb{L} = (-4, 3)$, b) $\mathbb{L} = (-1, \frac{7}{3})$, c) $\mathbb{L} = \emptyset$, d) $\mathbb{L} = (-0.5, 0)$,
e) $\mathbb{L} = \mathbb{R} \setminus [-3, \frac{5}{9}]$, f) $\mathbb{L} = (\frac{1}{7}, 1)$

4.12 a) $\mathbb{L} = (-4, 5)$, b) $\mathbb{L} = \emptyset$, c) $\mathbb{L} = \{-4\}$, d) $\mathbb{L} = (0.6, 3.5)$,
e) $\mathbb{L} = (-3, 0.5)$, f) $\mathbb{L} = (-\infty, 3) \cup (4, \infty)$,
g) $\mathbb{L} = (-\infty, 0.4) \cup (2, \infty)$, h) $\mathbb{L} = (-\infty, -4) \cup (-3, 4) \cup (9, \infty)$,
i) $\mathbb{L} = (-\infty, 0.75) \cup (2.5, 13) \cup (17, \infty)$,
j) $\mathbb{L} = (-\infty, \frac{5}{6}) \cup (1.5, 2) \cup (7, \infty)$

5.1 a) Kreis mit $r = 2$ mit Mittelpunkt $(-1, 1)$, $\left(\frac{x+1}{2}\right)^2 + \left(\frac{y-1}{2}\right)^2 = 1$
b) Nach rechts geöffnete Parabel mit Scheitelpunkt $(5, 2)$, $(y - 2)^2 = 12\,(x - 5)$
c) Nach links und rechts geöffnete Hyperbel mit Mittelpunkt $(2, -5)$, $a = 5$ und $b = 3$ und den Asymptoten $y = \pm 0.6\,x$, $\left(\frac{x-2}{5}\right)^2 - \left(\frac{y+5}{6}\right)^2 = 1$
d) Ellipse mit Mittelpunkt $(-5, 2)$, $a = 12$ und $b = 9$, $\left(\frac{x+5}{12}\right)^2 + \left(\frac{y-2}{9}\right)^2 = 1$.

5.2 Wenn h die gesuchte Höhe des Baumes in m ist, gilt $\frac{1.20}{1.40} = \frac{h}{11.20}$, was auf $h = 9.60$ führt.

5.3 Der Mondradius erscheint also 3 mm breit. Damit gilt: $\frac{\text{Mondradius}}{\text{Mondentfernung}} = \frac{3}{660} = \frac{1}{220}$. Damit ist $\frac{\text{Mondradius}}{60\,\text{Erdradius}} = \frac{1}{220}$, also $\frac{\text{Mondradius}}{\text{Erdradius}} = \frac{60}{220} = \frac{3}{11}$.

5.4 $\overline{B_1B_2} : \overline{AB_2} = \overline{C_1C_2} : \overline{AC_2}$ folgt aus $\overline{AB_2} : \overline{AC_2} = \overline{B_1B_2} : \overline{C_1C_2}$ durch Umstellen.

$\overline{B_1B_2} : \overline{AB_1} = \overline{C_1C_2} : \overline{AC_1}$ folgt aus $\overline{AB_1} : \overline{AC_1} = \overline{B_1B_2} : \overline{C_1C_2}$ ebenfalls durch Umstellen.

5.5 Falsch: Diese Bedingung gilt nur für die Punkte, die auf der oberen Hälfte des Einheitskreises liegen.

5.6 Richtig: Es handelt sich dabei um die Punkte, die auf der oberen Hälfte des Einheitskreises liegen.

5.7 Falsch: Dies ist nur richtig für Ellipsen, deren Mittelpunkt auf der y-Achse liegt.

5.8 Richtig: Es gilt $y = \frac{1}{x} \iff x\,y = 1$, so dass die Gleichung einen gemischten Term enthält und damit nicht der allgemeinen Form (5.7) genügt, in der ja keine gemischten Terme zugelassen sind.

6.1 $$\begin{aligned}\cos(x-y) &= \cos(x+(-y)) = \cos x \cos(-y) - \sin x \sin(-y)\\ &= \cos x \cos y - \sin x \cdot (-\sin y) = \cos x \cos y + \sin x \sin y\end{aligned}$$

6.2 a) $\sin(2\,x) = \sin(x+x) = \sin x \cos x + \cos x \sin x = 2\,\sin x \cos x$
b) $\cos(2\,x) = \cos(x+x) = \cos^2 x - \sin^2 x = \cos^2 x - (1-\cos^2 x) = 2\cos^2 x - 1$

6.3 Wir verwenden eine Translation $t_\alpha : t \mapsto t+\alpha$, wobei $\alpha := \frac{\varphi}{\omega}$, sowie zwei Skalierungen $s_\omega : t \mapsto \omega\,t$ und $s_A : t \mapsto A\,t$. Dann lässt sich $f : t \mapsto A\,\sin(\omega\,t+\varphi)$ schreiben als $f = s_A \circ \sin \circ s_\omega \circ t_\alpha$, denn
$(s_A \circ \sin \circ s_\omega \circ t_\alpha)(t) = s_A(\sin(s_\omega(t_\alpha(t)))) = s_A(\sin(s_\omega(t+\alpha))) = s_A(\sin(\omega\,(t+\alpha))) = s_A(\sin(\omega\,t+\varphi)) = A\,\sin(\omega\,t+\varphi) = f(t)$.
Nachweis der Periodizität mit $p = 2\,\frac{\pi}{\omega}$:
$f(t+p) = f(t+2\,\frac{\pi}{\omega}) = A\,\sin(\omega\,(t+2\,\frac{\pi}{\omega})+\varphi) = A\,\sin(\omega\,t+2\,\pi+\varphi) = A\,\sin(\omega\,t+\varphi) = f(t)$

6.4 $\tan x$ ist genau dann definiert, wenn x keine Nullstelle des Nenners, also von cos, ist. Die Nullstellen von cos sind aber gerade $\{\frac{\pi}{2}+k\,\pi \mid k \in \mathbb{Z}\}$.
– $\cot x$ ist genau dann definiert, wenn x keine Nullstelle von sin ist. Die Nullstellen von sin sind aber gerade $\{k\,\pi \mid k \in \mathbb{Z}\}$.

6.5 $$\tan(x+\pi) = \frac{\sin(x+\pi)}{\cos(x+\pi)} \overset{(6.8)}{=} \frac{-\sin x}{-\cos x} = \tan x.$$
$$\cot(x+\pi) = \frac{1}{\tan(x+\pi)} = \frac{1}{\tan x} = \cot x.$$

6.6 $\tan(-x) = \dfrac{\sin(-x)}{\cos(-x)} = \dfrac{-\sin x}{\cos x} = -\tan x$

$\cot(-x) = \dfrac{1}{\tan(-x)} = \dfrac{1}{-\tan x} = -\cot x$

6.7 Dass $\cot x$ der Kehrwert von $\tan x$ ist, folgt sofort aus (6.12).
Für alle $x \in D_{\tan}$ gilt, wiederum mit (6.12), aber auch mit (6.3):

$\tan^2 x \overset{(6.12)}{=} \left(\dfrac{\sin x}{\cos x}\right)^2 = \dfrac{\sin^2 x}{\cos^2 x} \overset{(6.3)}{=} \dfrac{1-\cos^2 x}{\cos^2 x} = \dfrac{1}{\cos^2 x} - 1$

Hier haben Sie eine schöne Herleitung, in der trotz ihrer Kürze gleich zwei der wichtigsten trigonometrischen Formeln Eingang finden.

6.8 $\dfrac{\tan x + \tan y}{1 - \tan x \, \tan y} = \dfrac{\frac{\sin x}{\cos x} + \frac{\sin y}{\cos y}}{1 - \frac{\sin x}{\cos x} \cdot \frac{\sin y}{\cos y}} \overset{(*)}{=} \dfrac{\sin x \cos y + \sin y \cos x}{\cos x \cos y - \sin x \sin y}$

$= \dfrac{\sin(x+y)}{\cos(x+y)} = \tan(x+y)$

Hier haben wir bei (*) mit $\cos x \cos y$ erweitert.

6.9 Richtig: Durch Einsetzen nachprüfbar.

6.10 Falsch: Dies sind nur *einige* Nullstellen. Es gibt noch weitere, z. B. $-\pi$.

6.11 Falsch: Dies kann nur gelten, wenn $\sin x \geq 0$ ist. Und dann gilt es auch.

6.12 Richtig: Mit $p = 2\pi$ ist die Definition der Periodizität für tan erfüllt. Dies ist eine Folge davon, dass tan π-periodisch ist. Daher wird man diese Formulierung nicht häufig finden.

6.13 Falsch: Es gilt zwar für alle x, y: $x = \arcsin y \Longrightarrow \sin x = y$, aber nicht umgekehrt; beispielsweise ist $\sin 4\pi = 0$, aber $4\pi \neq \arcsin 0$.

T1.1 0

T1.2 100

T1.3 108 cm^2

T1.4 $\{6, 10\}$

T1.5 320 Sekunden

T1.6 5 m

T1.7 30

T2.1 $q = 3$

T2.2 20 Minuten

T2.3 ab 100 km

T2.4 $2\,z$

T2.5 2 bzw. -4

T2.6 2

T2.7 25 Hz bzw. 0.5

T2.8 0.9 bzw. 25

T3.1 125

T3.2 $\frac{2}{3}$ oder $0.\overline{6}$

T3.3 $\frac{1}{125}$ oder 0.008

T3.4 27

T3.5 0

T3.6 1

T3.7 $\frac{1}{a\,b}$

T3.8 $66.\overline{6}$

T3.9 2903.857

T4.1 B

T4.2 D

T4.3 B

T4.4 E

T4.5 B

T4.6 C

T4.7 D

T4.8 A

T4.9 B

T4.10 A

Literaturverzeichnis

[1] Enzensberger, H. M.: *Der Zahlenteufel.* Hanser Verlag, 1997. Taschenbuchausgabe bei DTV 2002, (4. Aufl.)
Der ehemalige Staatsminister für Kultur, Michael Naumann, nennt dieses Buch im Stern (Heft 42, 2000) eines seiner Lieblingsbücher und sagt auf die Frage „welches Buch liegt Ihnen besonders am Herzen?“: „Hans Magnus Enzensbergers ‚Zahlenteufel‘– das ist zwar nicht aktuell, sollte aber trotzdem von Tausenden Leuten gelesen werden. Es ist ein Mathematikbuch, eine Einführung in den Zauber der Zahlen. Damit es ihnen später im Leben nicht so ergeht wie mir, wenn ich mit dem Finanzminister spreche.“

[2] Kemnitz, A.: *Mathematik zum Studienbeginn.* Vieweg Verlag, 2002 (5. Aufl.).
Umfassender als das vorliegende Buch und gut als Nachschlagewerk

[3] Knorrenschild, M.: *Numerische Mathematik. Eine beispielorientierte Einführung.* Reihe „Mathematik Studienhilfen“. Fachbuchverlag Leipzig, 2003.
Einführung in grundlegende Prinzipien und Methoden der Numerischen Mathematik, elementar gehalten

[4] Küstenmacher, W., Partoll, H., Wagner, I.: *Mathe Macchiato. Ein Cartoon-Mathematik-Kurs für Schüler und Studenten.* Pearson Studium, 2003.
Wie der Untertitel schon sagt, vermittelt mathematische Begriffe und Regeln in vielen Cartoons.

[5] Schäfer, W., Georgi, K., Trippler, G.: *Mathematik-Vorkurs. Übungs- und Arbeitsbuch für Studienanfänger.* Teubner Verlag, 2002 (5. Aufl.).
Umfassend als das vorliegende Buch, mit vielen Beispielen und Aufgaben

[6] Stingl, P.: *Einstieg in die Mathematik für Fachhochschulen.* Hanser Verlag, 2002 (2.Aufl.).
Etwas knapper im Inhalt als das vorliegende Buch, weniger erklärender Text, mehr Aufgaben

Sachwortverzeichnis

HANSER

Mathematatik Studienhilfen:

Passen in jede Tasche – und in jeden Kopf...

ISBN 3-446-22122-0

ISBN 3-446-22655-9

ISBN 3-446-22202-2

ISBN 3-446-22169-7

Fachbuchverlag Leipzig im Carl Hanser Verlag.
Mehr Informationen unter **www.fachbuch-leipzig.hanser.de**

HANSER

Mathematik Studienhilfen:

Die sicheren Begleiter durch's Studium.

ISBN 3-446-22120-4

ISBN 3-446-22240-5

Weitere Titel der Reihe Mathematik Studienhilfen:

Dobner/Dobner, Gewöhnl. Differenzialgleichungen · ISBN 3-446-22302-9

Martin, Finanzmathematik · ISBN 3-446-22285-5

Stingl, Operations Research · ISBN 3-446-22018-6

Tittmann, Graphentheorie · ISBN 3-446-22343-6

Preuß, Funktionaltransformationen · ISBN 3-446-22015-1

fv

Fachbuchverlag Leipzig im Carl Hanser Verlag.
Mehr Informationen unter **www.fachbuch-leipzig.hanser.de**